定位技术理论与方法

袁家政　刘宏哲　著

电子工业出版社

Publishing House of Electronics Industry

北京·BEIJING

内 容 简 介

本书对当前商用的定位技术进行了全面梳理和系统分析，详尽地阐述了定位技术的概念、原理和实现方法。内容源于作者对定位技术的深刻理解和广泛而深入的实践活动，包括卫星定位技术、移动互联网定位技术、WiFi 定位技术和蓝牙定位技术等，并对传感器定位技术、RFID 定位技术进行了阐述。

本书可作为高等院校相关专业的教材，也可供从事定位技术应用开发的技术人员学习。

图书在版编目（CIP）数据

定位技术理论与方法 / 袁家政，刘宏哲著．—北京：电子工业出版社，2015.12

ISBN 978-7-121-27976-8

Ⅰ．①定…　Ⅱ．①袁…　②刘…　Ⅲ．①定位系统　Ⅳ．①P228

中国版本图书馆 CIP 数据核字（2015）第 318791 号

责任编辑：许存权

特约编辑：王　燕　刘　双

印　　刷：北京捷迅佳彩印刷有限公司

装　　订：北京捷迅佳彩印刷有限公司

出版发行：电子工业出版社

　　　　　北京市海淀区万寿路 173 信箱　邮编　100036

开　　本：720×1 000　1/16　印张：13.25　字数：296 千字

版　　次：2015 年 12 月第 1 版

印　　次：2024 年 1 月第 5 次印刷

定　　价：59.00 元

前　言

21 世纪是信息化的世纪，信息化正在以一种快速而深刻的方式改变着世界，改变着人类生活，大到全球经济社会的发展格局，小到每个人的日常生活。目前，世界各国都将信息化、数字化、智能化作为国家战略的主题，把信息基础设施建设作为后金融时代振兴经济的重要手段。我国也不例外，国家把全面提高信息化水平，特别是加快建设下一代国家信息基础设施、推动信息化和工业深度融合、推动经济社会各领域信息化作为重要内容等作为实现信息化的首要任务。近年来，国家一直在宣传"互联网+"，而移动互联网又是重要一环。移动互联网的本质概括为三个要素：Social（社会的）、Local（位置的）和 Mobile（移动的）。定位技术是位置服务的技术基础。

人类对于定位技术和位置服务的渴求由来已久。一些代代流传、脍炙人口的诗句，如苏轼的"不识庐山真面目，只缘身在此山中"，陆游的"山重水复疑无路，柳暗花明又一村"，除了托物言志，也在无意之中表现出了古人在出行时对位置相关信息的期待与向往。

目前，定位技术正在改变着人类的生活。定位技术将终端用户和互联网内容都增加了"位置"这个属性，使得互联网公司可以通过位置维度给特定的用户提供基于位置的内容，创造出更好的用户体验服务。例如，社交应用，在社交关系中增加用户位置维度，创造出位置社交应用，如微信与 QQ 里面的附近好友功能；微博或者大众点评，在用户发布的内容中增加位置属性，就创造出签到类的应用；在交通、旅游和住宿等服务领域，定位技术体现了更重要的作用，出现了很多受到大家欢迎的导航、订餐等应用，如百度地图、美团等。

近年来作者一直在专研定位技术及其业务，在过去的几年里，我们通过大量的现场测试与数据分析，不断地积累定位技术，突破现有瓶颈，提出了优化手段，提升了用户体验；我们也不断地投入人力研究最前沿的 WiFi、蓝牙等定位技术，不断研发更为先进的混合定位平台；除此之外，我们还自主研发了北斗定位系统，促进北斗产业链的形成和北斗民用的产业化进程。

定位技术有很多种实现方案。本书首次对当前商用的定位技术进行了全面的梳理和系统分析，包括卫星定位技术、移动互联网定位技术、WiFi 定位技术和蓝牙定位技术等，并对正在研究的传感器定位技术、RFID 定位技术进行了论述。本书源于作者对定位技术的深刻理解和广泛而深入的实践活动，详尽阐述了定位技术的概念、原理和实现方法，为广大定位技术的应用开发者提供了完整的专业级指导。

本书是高等院校导航与定位课程的教材，是作者结合多年教学经验和工程设计经验编写而成的。

全书主要分为两大部分，一部分是室外导航与定位，另一部分是室内导航与定位。室外导航与定位主要介绍了各种星系导航，例如，GPS、GLONASS、伽利略及中国的北斗卫星，另外，介绍了导航与定位在现实生活中的应用。室内导航与定位部分主要介绍了各种无线定位技术，例如，ZigBee、WiFi、蓝牙等，介绍了这些技术的发展过程及定位原理，并比较了各种技术的优缺点，最后介绍了各种定位技术的应用。

本书第一部分（第 1 章）是绪论，主要介绍了各种定位系统及定位技术，介绍了各种星系导航、无线定位技术。星系导航包括 GPS、GLONASS、伽利略及中国的北斗卫星；无线定位技术包括 ZigBee、WiFi、蓝牙、超声波、RFID 及超宽带技术，概括介绍了定位技术的原理及应用领域。

本书第二部分（第 2～5 章）是星系导航的知识。主要介绍了 GPS、GLONASS、伽利略，以及中国的北斗卫星 4 种星系导航的知识。在第 2 章中介绍了星系导航的发展历史、运行状况、系统构成及各自的优缺点。另外，还介绍了组合导航和惯性导航。第 3 章主要介绍了 GPS 的定位原理及误差分析，包括伪距测量、载波相位测量、差分 GPS 定位原理、GPS 定位误差的来源及影响等。第 4 章主要介绍了我国的北斗定位系统。主要内容包括第一代、第二代北斗系统的介绍，双星通信定位系统、双星定位的解算方法，以及北斗定位的局限与不足。第 5 章主要介绍了星系导航技术的应用领域，主要介绍了 GPS 卫星导航定位技术的应用，包括 GPS 在科学研究中的应用、GPS 在工程技术中的应用、GPS 在军事上的应用等。

本书第三部分（第 6～11 章）是无线定位技术的知识。第 6 章主要介绍了移动终端定位技术、WiFi 定位技术、蓝牙定位技术、ZigBee 定位技术，以及射频识别定位技术，首先简单介绍了各种技术，然后分别介绍了定位系统的组成。第 7 章主要介绍了 WiFi 定位技术，从 WiFi 定位技术的发展、WiFi 定位原理、WiFi 定位算法等方面详细介绍了 WiFi 定位，最后设置了基于位置指纹的定位系统。第 8 章主要介绍了蓝牙定位现状，蓝牙 4.0 室内定位技术、蓝牙 4.0 定位系统设计、蓝牙定位算法，以及蓝牙定位的应用等知识。第 9 章主要介绍了视觉定位，从单目视觉定位、双目立体视觉定位和基于全方位视觉传感器的定位方法等方面介绍了视觉定位的原理、方法及应用等。第 10 章主要介绍了目前运用最为广泛的位置指纹定位技术，系统介绍了最近邻法、K 近邻算法、K 加权算法及贝叶斯算法，同时也介绍了室内定位精度的主要影响因素。第 11 章主要比较各种无线定位技术。

本书第四部分（第 12 章）主要讲述了定位技术的应用领域。介绍了导航系统在铁路行业的应用、卫星定位系统在交通运输行业中的应用、卫星技术在地震行业中的综合应用、北斗系统在旅游行业中的应用、室内定位技术在医疗行业中的应用，以及室内定位技术在大型博物馆中的应用。

全书由北京联合大学实训基地副主任袁家政教授、刘宏哲教授组织研究生共同编写。其中，第 1～5 章由研究生谭智勇编写，第 6～8 章由研究生周成编写，第 9 章由研究生赵霞编写，第 10～12 章由研究生周成编写。本书在编写过程中，参考并摘录了大量国内外导航与定位书籍、论文中的精华部分。在本书出版的过程中，得到了北京市教育委员会创新团队项目"智能驾驶技术研究"（IDHT20140508）的资助。

由于定位技术发展迅速，作者的学识有限，加上时间仓促，书中难免有疏漏，敬请广大读者批评指正。电子邮箱：jiazheng@buu.edu.cn。

作　者

2015 年 10 月 30 日

目　　录

第1章　定位技术绪论

出于生产和生活的需要，很久以前人们就曾试图通过某种方式来描述地形、地物乃至整个地球的位置和形状。无数科学家和研究人员为此付出了毕生的精力，但受限于生产力水平的发展，在人类历史上的大多数时间里这种描述通常难以达到相当的精度且存在诸多限制和不足。20 世纪 50 年代以来，人造卫星技术特别是全球定位系统（GPS）的建立和发展为解决这类问题开辟了广阔的前景。

全球定位系统简单地说，是一个由覆盖全球的 24 颗卫星组成的卫星系统。这个系统可以保证在任意时刻，地球上任意一点都可以同时观测到 4 颗卫星，以保证卫星可以采集到该观测点的经纬度和高度，以便实现导航、定位、授时等功能。它包括两个重要的组成部分：一是全球定位系统（Global Positioning System），简称 GPS。它是由空间卫星、地面监控和用户接收三大部分组成的。在太空中由 24 颗卫星组成一个分布网络，分别分布在 6 条离地面 2 万公里、倾斜角为 55° 的地球准同步轨道上，每条轨道上有 4 颗卫星。GPS 卫星每隔 12 小时绕地球一周，使地球上任一地点能够同时接收 7～9 颗卫星的信号。地面共有 1 个主控站和 5 个监控站负责对卫星的监视、遥测、跟踪和控制。它们负责对每颗卫星进行观测，并向主控站提供观测数据。主控站收到数据后，计算出每颗卫星在每一时刻的精确位置，并通过 3 个注入站将它们传送到卫星上去，卫星再将这些数据通过无线电波向地面发射至用户接收端设备。

全球定位系统作为一种全新的空基无线电导航定位系统，它不仅能够实现全天候、全天时和全球性的连续三维空间定位，而且还能对运动载体的速度、姿态进行实时测定及精确授时。正是由于全球定位系统具有其他定位技术难以比拟的优越性，所以 GPS 全球卫星导航定位系统具有极其广泛的应用范围。从地面、海上到空中、空间，从高空飞行的卫星、导弹到地壳运动和灾害监测，从地球运动力学、地球物理学、大地测量学、工程测量学到交通管理、海洋学和气象学等。GPS 的应用几乎涉及人类社会生活每一个领域的每个方面。

随着数据业务和多媒体业务的快速增加，人们对定位与导航的需求日益增大，尤其是在复杂的室内环境中，如机场大厅、展厅、仓库、超市、图书馆、地下停车场、矿井等环境中，常常需要确定移动终端或其持有者、设施与物品在室内的位置信息。室内定位是定位技术的一种，与室外定位技术相比有一定的共性，但由于室内环境的复杂性和对定位精度、安全性的特殊要求，使得室内无线定位技术有着不同于普通定位系统的鲜明特点，而且这些特点是室外定位技术所不具备的。

相对于较早就发展起来的室外定位，室内定位则起步较晚，但通过近年来的研究和努力，也有了明显的进步。尤其是 2001 年的美国 911 事件，大量大楼内的工作人员和后期进入进行救援的消防人员由于与外界中断通信，以及在室内的位置不明确而葬身火海，凸现出室内定位系统的重要作用和对它的急迫要求。自此，各国政府已意识到对室内定位系统研究的重要意义，在该项目上都投入了大量的资金；其中，美国政府联合 Motorola 和 Intel 分别就室内定位系统的算法、软件和硬件设备进行开发。

室内定位范围相对较小，对定位的精度要求相对而言较室外定位要求较高。室内信号微弱，且反射现象严重，故要求定位算法对各种误差的鲁棒性要强。室内定位的应用场合通常决定了定位设备简单、功耗小、计算量和通信开销也不能太大，在特殊场合还需要考虑不对室内其他设备造成干扰，而卫星定位技术目前还无法很好地利用。因此，许多室内定位技术解决方案开始踊跃出现，如 A-GPS 定位技术、超声波定位技术、蓝牙技术、红外线技术、射频识别技术、超宽带技术、无线局域网络、光跟踪定位技术，以及图像分析、信标定位、计算机视觉定位技术等。

红外线室内定位技术定位的原理：红外线 IR 标识发射调制的红外射线，通过安装在室内的光学传感器接收进行定位。虽然红外线具有相对较高的室内定位精度，但是由于光线不能穿过障碍物，使得红外射线仅能视距传播。直线视距和传输距离较短这两大主要缺点使其室内定位的效果很差。当标识放在口袋里或者有墙壁及其他遮挡时就不能正常工作，需要在每个房间、走廊安装接收天线，造价较高。因此，红外线只适合短距离传播，而且容易被荧光灯或者房间内的灯光干扰，在精确定位上有局限性。

超声波测距主要采用反射式测距法，通过三角定位等算法确定物体的位置，即发射超声波并接收由被测物产生的回波，根据回波与发射波的时间差计算出待测距离，有的则采用单向测距法。超声波定位系统可由若干个应答器和一个主测距器组成，主测距器放置在被测物体上，在微机指令信号的作用下向位置固定的应答器发射同频率的无线电信号，应答器在收到无线电信号后同时向主测距器发射超声波信号，得到主测距器与各个应答器之间的距离。当同时有 3 个或 3 个以上不在同一直线上的应答器做出回应时，可以根据相关计算确定出被测物体所在的二维坐标系下的位置。

超声波定位与整体定位精度较高，结构简单，但超声波受多径效应和非视距传播影响很大，同时需要大量的底层硬件设施投资，成本太高。

蓝牙技术通过测量信号强度进行定位。这是一种短距离低功耗的无线传输技术，在室内安装适当的蓝牙局域网接入点，把网络配置成基于多用户的基础网络连接模式，并保证蓝牙局域网接入点始终是这个微微网（Piconet）的主设备，就可以获得用户的位置信息。蓝牙技术主要应用于小范围定位，如单层大厅或仓库。

蓝牙室内定位技术最大的优点是设备体积小、易于集成在 PDA、PC 及手机中，因此很容易推广普及。理论上，对于持有集成了蓝牙功能移动终端设备的用户，只要设备的蓝牙功能开启，蓝牙室内定位系统就能够对其进行位置判断。采用该技术作为室内短距离定位时容易发现设备且信号传输不受视距的影响。其不足在于蓝牙器件和设备的价格比较昂贵，而且对于复杂的空间环境，蓝牙系统的稳定性稍差，受噪声信号干扰大。

射频识别技术利用射频方式进行非接触式双向通信交换数据以达到识别和定位的目的。这种技术作用距离短，一般最长为几十米。但它可以在几毫秒内得到厘米级定位精度的信息，且传输范围很大，成本较低。同时由于其非接触和非视距等优点，可望成为优选的室内定位技术。目前，射频识别研究的热点和难点在于理论传播模型的建立、用户的安全隐私和国际标准化等问题。优点是标识的体积比较小，造价比较低，但是作用距离近，不具有通信能力，而且不便于整合到其他系统之中。

超宽带技术是一种全新的、与传统通信技术有极大差异的通信新技术。它不需要使用传统通信体制中的载波，而是通过发送和接收具有纳秒或纳秒级以下的极窄脉冲来传输数据，从而具有 GHz 量级的带宽。超宽带可用于室内精确定位，例如，战场士兵的位置发现、机器人运动跟踪等。

超宽带系统与传统的窄带系统相比，具有穿透力强、功耗低、抗多径效果好、安全性高、系统复杂度低、能提供精确定位精度等优点。因此，超宽带技术可以应用于室内静止或者移动物体，以及人的定位跟踪与导航，且能提供十分精确的定位精度。

无线局域网络（WLAN）是一种全新的信息获取平台，可以在广泛的应用领域内实现复杂的大范围定位、监测和追踪任务，而网络节点自身定位是大多数应用的基础和前提。当前比较流行的 WiFi 定位是无线局域网络系列标准之 IEEE802.11 的一种定位解决方案。该系统采用经验测试和信号传播模型相结合的方式，易于安装，需要很少基站，能采用相同的底层无线网络结构，系统总精度高。

芬兰的 Ekahau 公司开发了能够利用 WiFi 进行室内定位的软件。WiFi 绘图的精确度大约在 1～20m 的范围内，总体而言，它比蜂窝网络三角测量定位方法更精确。但是，如果定位的测算仅仅依赖于哪个 WiFi 的接入点最近，而不是依赖于合成的信号强度的话，那么在楼层定位上很容易出错。目前，它应用于小范围的室内定位，成本较低。但无论是用于室内还是室外定位，WiFi 收发器都只能覆盖半径 90m 以内的区域，而且很容易受到其他信号的干扰，从而影响其精度，定位器的能耗也较高。

ZigBee 技术是一种新兴的短距离、低速率无线网络技术，它介于射频识别和蓝牙之间，也可以用于室内定位。它有自己的无线电标准，在数千个微小的传感器之间相互协调通信以实现定位。这些传感器只需要很少的能量，以接力的方式通过无线电波将数据从一个传感器传到另一个传感器，所以它们的通信效率非常高。ZigBee 最显著的技术特点是它的低功耗和低成本。

第 2 章 卫星定位技术

2.1 GPS 系统

GPS 是英文 Global Positioning System（全球定位系统）的简称。又称为 NAVSTAR 导航星系统，目前美军卫星导航系统正处于发展的第二阶段（GPS II）。GPS 起始于 1958 年美国军方的一个项目，1964 年投入使用。20 世纪 70 年代，美国陆海空三军联合研制了新一代卫星定位系统 GPS 。主要目的是为陆海空三大领域提供实时、全天候和全球性的导航服务，并用于情报搜集、核爆监测和应急通信等一些军事目的，经过 20 余年的研究实验，耗资 300 亿美元，到 1994 年，全球覆盖率高达 98%的 24 颗 GPS 卫星星座已布设完成。

2.1.1 发展历史

GPS 的前身是美国军方研制的一种子午仪卫星定位系统（Transit），1958 年研制成功，1964 年正式投入使用。该系统用 5～6 颗卫星组成的星网工作，每天最多绕过地球 13 次，并且无法给出高度信息，在定位精度方面也不尽如人意。然而，子午仪系统使得研发部门对卫星定位取得了初步经验，并验证了由卫星系统进行定位的可行性，为 GPS 的研制埋下了铺垫。由于卫星定位显示出在导航方面的巨大优越性及子午仪系统存在对潜艇和舰船导航方面的巨大缺陷，美国海陆空三军及民用部门都感到迫切需要一种新的卫星导航系统。

为此，美国海军研究实验室（NRL）提出了名为 Tinmation 的用 12～18 颗卫星组成 10000km 高度的全球定位网计划，并先后于 1967 年、1969 年和 1974 年各发射了一颗试验卫星，在这些卫星上初步试验了原子钟计时系统，这是 GPS 精确定位的基础。而美国空军则提出了 621-B 的以每星群 4～5 颗卫星组成 3～4 个星群的计划，这些卫星中除 1 颗采用同步轨道外其余的都使用周期为 24h 的倾斜轨道，该计划以伪随机码（PRN）为基础传播卫星测距信号，其强大功能，当信号密度低于环境噪声的 1%时也能将其检测出来。伪随机码的成功运用是 GPS 得以取得成功的一个重要基础。海军的计划主要用于为舰船提供低动态的二维定位，空军的计划能提供高动态服务，然而系统过于复杂。由于同时研制两个系统会造成巨大的费用而且这里两个计划都是为了提供全球定位而设计的，所以 1973 年美国国防部（DoD）将两者合二为一，并由国防部牵头的卫星导航定位联合计划局（JPO）领导，还将办事机构设立在洛杉矶的空军航天处。该机构成员众多，包括美国陆军、海军、海军陆战队、交通部、国防制图局、北约和澳大利亚的代表。

最初的 GPS 计划在美国联合计划局的领导下就这样诞生了，该方案将 24 颗卫星放置在互成 120°的三个轨道上。每个轨道上有 8 颗卫星，地球上任何一点均能观测到 6～9 颗卫星。这样，粗码精度可达 100m，精码精度为 10m。由于预算压缩，GPS 计划不得不减少卫星发射数量，改为将 18 颗卫星分布在互成 60°的 6 个轨道上，然而这一方案使得卫星可靠性得不到保障。1988 年又进行了最后一次修改：21 颗工作星和 3 颗备用星工作在互成 60°的 6 条轨道上。这也是 GPS 卫星所使用的工作方式。

而 GPS 导航系统是以全球 24 颗定位人造卫星为基础，向全球各地全天候提供三维位置、三维速度等信息的一种无线电导航定位系统。它由三部分构成，一是地面控制部分，由主控站、地面天线、监测站及通信辅助系统组成；二是空间部分，由 24 颗卫星组成，分布在 6 个轨道平面上；三是用户接收处理部分，由 GPS 接收机和卫星天线组成。

2.1.2　运行状况

GPS 系统有两种运行状态，即初步运行状态（IOC）和完全运行状态（FOC）。

1993 年 7 月系统具有了初步运行状态，由 24 颗（I/II/IIA）GPS 卫星运行并提供导航，美国国防部于 1993 年 12 月 8 日正式宣布了初步运行状态。

完全运行状态是指 24 颗 I/II/IIA 卫星在各自的轨道上运转且星座经测试可为军方使用，尽管 24 颗 Block II 和 Block II A 卫星在 1994 年 3 月开始运行，但直到 1995 年 7 月 17 日才正式宣布完全运行状态。

2.1.3　系统构成

GPS 利用卫星发射无线电信号进行导航定位，具有全球、全天候、高精度、快速实时的三维导航、定位、测速和授时功能。它主要由 GPS 卫星星座（空间部分）、地面监控部分、用户接收处理部分组成，如图 2-1 所示。

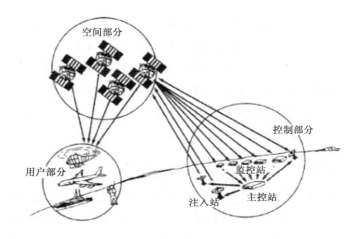

图 2-1 GPS 构成示意图

1．空间部分

GPS 工作卫星及其星座由 21 颗工作卫星和 3 颗在轨备用卫星组成 GPS 卫星星座，记作（21+3）GPS 星座。24 颗卫星均匀分布在 6 个轨道平面内，轨道倾角为 55°，各个轨道平面之间相距 60°，即轨道的升交点赤经各相差 60°。每个轨道平面内各颗卫星之间的升交角距相差 90°，一轨道平面上的卫星比西边相邻轨道平面上的相应卫星超前 30°，如图 2-2 所示。

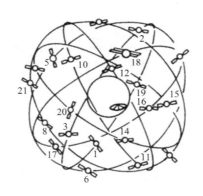

图 2-2 GPS 卫星星座

在两万公里高空的 GPS 卫星，当地球对恒星来说自转一周时，它们绕地球运行两周，即绕地球一周的时间为 12 恒星时（约 11 时 58 分）。这样，对于地面观测者来说，每天将提前 4 分钟见到同一颗 GPS 卫星。位于地平线以上的卫星颗数随着时间和地点的不同而不同，最少可见到 4 颗，最多可见到 11 颗。在用 GPS 信号导航定位时，为了结算测站的三维坐标，必须观测 4 颗 GPS 卫星，称为定位星座。这 4 颗卫星在观测过程中的几何位置分布对定位精度有一定的影响。对于某地某时，甚至不能测得精确的点位坐标，这种时间段称为"间隙段"。但这种时间间隙段是很短暂的，并不影响全球绝大多数地方的全天候、高精度、连续实时性，GPS 工作卫星的编号和试验卫星基本相同。

2．地面监控部分

对于导航定位来说，GPS 卫星是一动态已知点。星的位置是依据卫星发射的星历——描述卫星运动及其轨道的参数算得的。每颗 GPS 卫星所播发的星历，是由地面监控系统提供的。卫星上的各种设备是否正常工作，以及卫星是否一直沿着预定轨道运行，都要由地面设备进行监测和控制。地面监控系统另一重要作用是保持各颗卫星处于同一时间标准——GPS 时间系统。这就需要地面站监测各颗卫星的时间，求出时钟差。然后由地面注入站发给卫星，卫星再由导航电文发给用户设备，其地面监控部分组成图如图 2-3 所示。

图 2-3　地面监控部分组成图

GPS 的地面监控部分由分布在全球的若干个跟踪站组成的监控系统所构成，根据其作用的不同，这些跟踪站又分为主控站、监控站和注入站。主控站有一个，位于美国科罗拉多（Colorado）的法尔孔（Falcon）空军基地，它的作用是根据各监控站观测的 GPS 数据，计算出卫星的星历和卫星钟的修正参数等，并将这些数据通过注入站注入卫星中；同时，它还对卫星进行控制，向卫星发布指令，当工作卫星出现故障时，调度备用卫星，替代失效的工作卫星工作；另外，主控站也具有监控站的功能。监控站有 5 个，除了主控站外，其他 4 个分别位于夏威夷（Hawaii）、阿松森群岛（Ascencion）、迭戈加西亚（DiegoGarcia）、卡瓦加兰（Kwajalein），监控站的作用是接收卫星信号，监测卫星的工作状态；注入站有 3 个，它们分别位于阿松桑群岛、迭戈加西亚、卡瓦加兰，注入站的作用是将主控站计算出的卫星星历和卫星时钟改正等注入卫星中，分布图如图 2-4 所示。

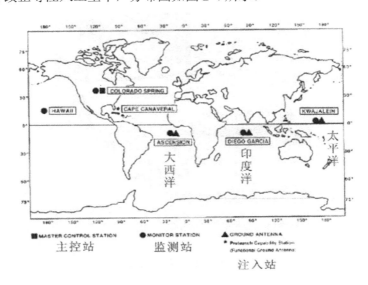

图 2-4　地面监控部分分布图

3. 用户接收处理部分

GPS 的用户部分由 GPS 接收机、数据处理软件及相应的用户设备（如计算机气象仪器等）组成。

GPS 接收机的结构分为天线单元和接收单元两大部分。对于测地型接收机来说，两个单元一般分成两个独立的部件，观测时将天线单元安置在测站上，接收单元置于测站附近的适当地方，用电缆线将两者连接成一个整机。也有的将天线单元和接收单元制作成一个整体，观测时将其安置在测站点上。

GPS 接收机的作用：能够捕获到按一定卫星高度截止角所选择的待测卫星的信号，并跟踪这些卫星的运行，对所接收到的 GPS 信号进行变换、放大和处理，以便测量出 GPS 信号从卫星到接收机天线的传播时间，解译出 GPS 卫星所发送的导航电文，实时地计算出测站的三维位置、甚至是三维速度和时间。

在静态定位中，GPS 接收机在捕获和跟踪 GPS 卫星的过程中固定不变，接收机高精度地测量 GPS 信号的传播时间，利用 GPS 卫星在轨的已知位置，解算出接收机天线所在位置的三维坐标。而动态定位则是用 GPS 接收机测定一个运动物体的运行轨迹。GPS 信号接收机所位于的运动物体称为载体（如航行中的船舰，空中的飞机，行走的车辆等）。载体上的 GPS 接收机天线在跟踪 GPS 卫星的过程中相对地球而运动，接收机用 GPS 信号实时地测得运动载体的状态参数（瞬间三维位置和三维速度）。GPS 接收设备如图 2-5 所示。

图 2-5　GPS 接收设备

2.1.4　GPS 的特点

GPS 系统以高精度、全天候、高效率、多功能、操作简便、应用广泛等特点著称。

1．定位精度高

应用实践已经证明，GPS 相对定位精度在 50km 以内可达 10^{-7}，100~500km 可达 10^{-7}，1000km 可达 10^{-9}。在 300～1500m 工程精密定位中，1 小时以上观测的解其平面位置误差小于 1mm，与 ME-5000 电磁波测距仪测定的边长比较，其边长校差最大为 0.5mm，校差的中误差为 0.3mm。

2．观测时间短

随着 GPS 系统的不断完善，软件的不断更新，目前，20km 以内相对静态定位，仅需 10～20min；快速静态相对定位测量时，当每个流动站与基准站相距在 15km 以内时，流动站观测时间只需 1～2min，然后可随时定位，每站观测只需几秒钟。

3．测站间无须通视

GPS 测量不要求测站之间互相通视，只需测站上空开阔即可，因此可节省大量的造标费用。由于无须点间通视，点位位置可根据需要可稀可密，使选点工作甚为灵活，也可省去经典大地网中的传算点、过渡点的测量工作。

4．可提供三维坐标

经典大地测量将平面与高程采用不同方法分别施测。GPS 可同时精确测定测站点的三维坐标。目前 GPS 水准可满足四等水准测量的精度。

5．操作简便

随着 GPS 接收机的不断改进，自动化程度越来越高，有的已达"傻瓜化"的程度；接收机的体积越来越小，重量越来越轻，极大地减轻了测量工作者的工作紧张程度和劳动强度，使野外工作变得轻松愉快。

6．全天候作业

目前 GPS 观测可在一天 24h 内的任何时间进行,不受阴天黑夜、起雾刮风、下雨下雪等气候的影响。

7．功能多、应用广

GPS 系统不仅可用于测量、导航,还可用于测速、测时。测速的精度可达 0.1m/s,测时的精度可达几十毫微秒。其应用领域不断扩大。

2.2　GLONASS 系统

GLONASS 是俄语 GLOBAL NAVIGATION SATELLITE SYSTEM（全球卫星导航系统）的缩写，GLONASS 是与美国 GPS 系统相似的全球卫星导航系统，是原苏联从 20 世纪 80 年代在多普勒卫星系统 Tsikada 的基础上开始建设的，1995 年投入使用的全球定位导航系统，现在由俄罗斯空间局管理。

2.2.1　发展历史

1982 年 10 月 12 日，第一颗 GLONASS 卫星和两颗试验卫星发射升空，但这三个卫星都没能运行。通常，GLONASS 卫星都是采用一箭三星发射。到 1984 年 1 月，作为试验使用的 4 颗卫星成功部署。

　　该试验从 1983～1985 年末属于第一阶段，主要包括前期试验验证和系统概念的改进；在这一阶段空间星座已有 10 颗卫星，布置在轨道面 1（6 颗）和轨道面 3（4 颗）上。该星座每天至少能提供 15h 的二维定位覆盖，而三维覆盖至少可达 8h。

　　第二阶段从 1986～1993 年，卫星星座增加到 12 颗卫星，完成在轨飞行试验并启动初步系统运行，这一阶段主要完成对用户设备的测试。随着空间星座 1996 年 1 月 18 日最终布满 24 颗工作卫星而告结束。随后系统开始进入完全工作阶段。

　　GLONASS 空间星座由 24 颗卫星组成，卫星有六种类型：Block Ⅰ、Block Ⅱa、Block Ⅱb、Block Ⅱ 及正在研制中的下一代改进型卫星 GLONASS-M Ⅰ 和 GLONASS-M Ⅱ。

2.2.2　系统构成

　　GLONASS 系统由 GLONASS 星座、地面支持系统和用户设别三部分组成。

1. GLONASS 星座

　　GLONASS 星座由 24 颗卫星组成，其中由 21 颗工作卫星、3 颗备份卫星组成。24 颗星均匀地分布在 3 个近圆形的轨道平面上，这 3 个轨道平面两两相隔 120°，每个轨道有 8 颗卫星，与平面内的卫星之间相隔 45°，轨道平均高度为 1.91 万千米，卫星运行周期为 11 时 15 分，轨道倾角为 64.8°，如图 2-6 所示。

　　GLONASS 通过这样的空间配置，保证了地球上任何地点、任何时刻均至少可以同时观测 5 颗卫星。

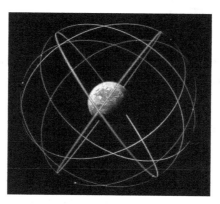

图 2-6　GLONASS 卫星星座

2. 地面支持系统

GLONASS 星座的运行通过地面基站控制体系（GCS）完成，该体系包括一个系统控制中心（Golitsyno-2, 莫斯科地区）和几个分布于俄罗斯大部地区的指挥跟踪台站（CTS）。这些台站主要用来跟踪 GLONASS 卫星，接收卫星信号和遥测数据。然后由 SCC 处理这些信息以确定卫星时钟和轨道姿态，并及时更新每个卫星的导航信息，这些更新信息再通过跟踪台站 CTS 传到各个卫星。

CTS 的测距数据需要通过主控中心数量光学跟踪台站的一个激光设备进行定期测距校正，为此，每个 GLONASS 卫星上都专门配有一个激光反射器。

在 GLONASS 系统中，所有信息的时间同步处理对其正常的运行至关重要，因此还要在主控中心配备一台时间同步仪来解决这个问题。这是一台高精度氢原子钟，通过它来构成 GLONASS 系统的时间尺度。所有 GLONASS 接收机上的时间尺度（由一个铯原子钟控制）均通过 GLONASS 系统与安装在莫斯科地区 Mendeleevo 台站上的世界协调时（UTC）同步。

3. 用户设备

GLONASS 用户设备（接收机）能接收卫星发射的导航信号，并测量其伪距和伪距变化率，同时从卫星信号中提取并处理导航电文。接收机处理器对上述数据进行处理并计算出用户所在的位置、速度和时间信息。GLONASS 系统提供军用和民用两种服务。GLONASS 系统绝对定位精度水平方向为 16m，垂直方向为 25m。目前，GLONASS 系统主要用途是导航定位，当然与 GPS 一样，也可以广泛应用于各类定位、导航和时频频域等。

2.2.3 GLONASS 的特点

与美国的 GPS 系统不同的是 GLONASS 系统采用频分多址（FDMA）方式，根据载波频率来区分不同卫星（GPS 是码分多址（CDMA），根据调制码来区分卫星）。每颗 GLONASS 卫星发播的两种载波的频率分别为 L_1=1,602 0.5625K（MHz）和 L_2=1,246 0.4375K（MHz），其中 K=1～24 为每颗卫星的频率编号。所有 GPS 卫星的载波的频率是相同，均为 L_1=1575.42MHz 和 L_2=1227.6MHz。

GLONASS 卫星的载波上也调制了两种伪随机噪声码：S 码和 P 码。俄罗斯对 GLONASS 系统采用了军民合用、不加密的开放政策。GLONASS 卫星由质子号运载火箭一箭三星发射入轨，卫星采用三轴稳定体制，整体质量为 1400kg，设计轨道寿命 5 年。所有 GLONASS 卫星均使用精密铯钟作为其频率基准。

尽管其定位精度比 GPS 系统、Galileo 系统定位精度略低，但其抗干扰能力却是最强的。由于卫星发射的载波频率不同，"格洛纳斯"可以有效地防止整个卫星导航系统同时被敌方干扰，因而具有更强的抗干扰能力。

2.2.4 GLONASS 和 GPS 对比

1. 卫星发射频率不同

GPS 的卫星信号采用码分多址体制，每颗卫星的信号频率和调制方式相同，不同卫星的信号靠不同的伪码区分。而 GLONASS 采用频分多址体制，卫星靠频率不同来区分，每组频率的伪随机码相同。基于这个原因，GLONASS 可以防止整个卫星导航系统同时被敌方干扰，因而，具有更强的抗干扰能力。

2. 坐标系不同

GPS 使用世界大地坐标系（WGS-84），而 GLONASS 使用前苏联地心坐标系（PZ-90）。时间标准不同。GPS 系统时与世界协调时相关联，而 GLONASS 则与莫斯科标准时相关联。民用精度。由于 GLONASS 没有施加 S.A.干扰（Selective Availability），所以它的民用精度优于施加 S.A.干扰的 GPS 系统（注：2000年 5 月 1 日起，GPS 的 S.A.的干扰已被解除）。

2.3 Galileo 系统

Galileo 卫星导航计划是由欧共体发起，并与欧洲空间局一起合作开发的卫星导航系统计划。该计划将有助于新兴全球导航定位服务在交通、电信、农业或渔业等领域的发展。

2.3.1 发展历史

1999 年欧洲委员会的报告对伽利略系统提出了两种星座选择方案：一是 21+6 方案，采用 21 颗中高轨道卫星加 6 颗地球同步轨道卫星。这种方案能基本满足欧洲的需求，但还要与美国的 GPS 系统和本地的差分增强系统相结合。二是 36+9 方案，采用 36 颗中高轨道卫星和 9 颗地球同步轨道卫星或只采用 36 颗中高轨道卫星。

这一方案可在不依赖 GPS 系统的条件下满足欧洲的全部需求。该系统的地面部分将由正在实施的欧洲监控系统、轨道测控系统、时间同步系统和系统管理中心组成。为了降低全系统的投资，上述两个方案都没有被采用，其最终方案是系统由轨道高度为 23616km 的 30 颗卫星组成，其中 27 颗工作星，3 颗备份星。每次发射将会把 5 或 6 颗卫星同时送入轨道。2000 年底已完成。

　　2005 年 12 月 28 日，由英国萨瑞卫星技术公式研制的首颗在轨验证卫星的实验 GIOVE-A 成功发射，标志着"Galileo 计划"在轨验证阶段迈出了重要一步。根据计划，第二颗实验卫星 GIOVE-B 应于 2006 年 4 月发射以确保国际电信联盟把已分配给 Galileo 系统的频率继续保留给其使用，后来由于种种原因，该颗卫星推迟到 2008 年 4 月 27 日在位于哈萨克斯坦的拜科努尔航天中心成功发射并入轨后运行良好。2009 年 6 月 15 日，欧空局"Galileo 计划"主任与阿里安航天公司 CEO 在巴黎航展上签署协议：使用两枚"联盟"火箭从欧洲的法属圭亚那发射场发射首批 4 颗 Galileo 卫星，到 2010 年底，4 颗 Galileo 卫星将进入 2.36 万公里高空的椭圆轨道运行。4 颗 Galileo 工作卫星发射成功后才标志进行真正意义上的空间、地面和用户联合在轨验证试验。

　　由于计划所需经费迟迟没有落实，"Galileo 计划"的建设进程一拖再拖，直到 2007 年 11 月 23 日，欧盟各国财政部长终于达成一致意见，同意从欧盟农业补贴预算余款中支取 24 亿欧元填补"Galileo 计划"资金空缺，这一举措最终解决了实施"Galileo 计划"的资金问题。由于技术等问题，2010 年初，欧盟委员会再次宣布 Galileo 系统推迟到 2014 年投入运营。

2.3.2　系统构成

1. 星座

Galileo 系统的卫星星座是由分布在 3 个轨道上的 30 颗中等高度轨道卫星（MEO）构成的，具体参数如下：每条轨道卫星 10 个（9 颗工作，1 颗备用）；卫星分布在 3 个轨道面；轨道倾斜角为 56°；轨道高度为 24000km，运行周期为 14h4min；卫星寿命为 20 年；卫星重 625 kg；电量供应 1.5 kw；射电频率为 1202.025MHz、1278.750MHz、1561.098MHz、1589.742MHz。卫星个数与卫星的布置和美国 GPS 系统的星座有一定的相似之处。Galileo 系统的工作寿命为 20 年，中等高度轨道卫星（MEO）星座工作寿命设计为 15 年。这些卫星能够被直接发送到运行轨道上正常工作。每一个 MEO 卫星在初始升空定位时，其位置都可以稍微偏离正常工作位置。Galileo 卫星星座图如图 2-7 所示。

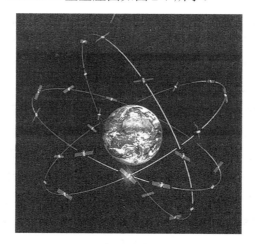

图 2-7　Galileo 卫星星座

2．有效荷载

中等轨道卫星装有的导航有效载荷包括以下几方面。

（1）Galileo 系统所载时钟有两种类型：铷钟和被动氢脉塞时钟。在正常工作状况下，氢脉塞时钟将被用做主要振荡器，铷钟也同时运行作为备用，并时刻监视被动氢脉塞时钟的运行情况。

（2）天线设计基于多层平面技术，包括螺旋天线和平面天线两种，直径为 1.5m，可以保证低于 1.2GHz 和高于 1.5 GHz 频率的波段顺利发送和接收。

（3）Galileo 系统利用太阳能供电，用电池存储能量，并且采用了太阳能帆板技术，可以调整太阳能板的角度，保证吸收足够阳光，既减轻了卫星对电池的要求，也便于卫星对能量的管理。

（4）射频部分通过 50～60W 的射频放大器将 4 种导航信号放大，传递给卫星天线。

3．地面部分

地面部分主要完成两个功能：导航控制和星座管理功能，以及完好性数据检测和分发功能。导航控制和星座管理部分由地面控制部分（GCS）完成，主要由导航系统控制中心（NSCC）、OSS 工作站和遥测遥控中心（TCC）3 部分构成；其中，OSS 工作站共 15 个，无人监管并且只能接收星座发出的导航电文和星座运行环境数据，并把数据传送到导航系统控制中心，由导航系统控制中心检测和处理；分布在 4 点的遥测遥控系统接收导航系统控制中心中卫星控制设备（SCF）提供的导航数据信息，并上传到星座。完好性数据检测和分发功能主要由欧洲完好性决策系统（EIDS）完成，EIDS 主要由完好性监视站（IMS）、完好性注入站（IULS）和完好性控制中心组成。

2.3.3　Galileo 的特点

Galileo 系统可以实现与 GPS 和 GLONASS 的兼容，其接收机可以采集各个系统的数据或者通过各个系统数据的组合来实现定位导航的要求。

Galileo 系统确定目标位置的误差将控制在 1m 之内，远远胜于 GPS 为军事提供的误差为 10m 的性能。GPS 为民事用户提供的精度为 100m，俄罗斯的 GLONASS只提供一种精度为 10m 的军民两用信号。Galileo 系统仅用于民用，并且为地面用户提供 3 种信号：免费使用的信号；加密且需要交费使用的信号；加密并且需满足更高要求的信号。免费服务信号与 GPS 民用信号相似；收费信号主要指为民航和涉及生命安全保障的用户服务。

按照"Galileo 计划"的最初设想，系统的定位精度将达到厘米级，人们将其与 GPS 再次做了比较，形象地比喻说：如果 GPS 能找到街道，那么 Galileo 则可以精确地找到车库门。因此通过 Galileo 系统，精确地定位已经不是一句空话。

Galileo 系统由于采用了许多较 GPS 和 GLONASS 更高的新技术，使得系统更加灵活、全面、可靠，并且可以提供完整、准确、实时的数据信号。Galileo 系统的卫星发射信号功率较 GPS 的大，所以在一些 GPS 系统中不能实现定位的区域，Galileo 系统可以很容易克服干扰并进行信号接收，如高纬度地区、中亚及黑海等地区。

2.4　北斗系统

中国北斗卫星导航系统（BeiDou Navigation Satellite System，BDS）是中国自行研制的全球卫星导航系统。是继美国全球定位系统（GPS）、俄罗斯格洛纳斯卫星导航系统（GLONASS）之后第三个成熟的卫星导航系统。

2.4.1 发展历史

20 世纪 70 年代末，我国开始积极探索适合我国国情的卫星导航定位系统的技术途径和方案。1983 年，著名航天专家陈芳允院士首次提出在中国利用两颗地球静止轨道通信卫星实现区域快速导航定位的设想。1989 年，我国利用通信卫星开展双星定位演示验证试验，证明了北斗卫星导航试验系统技术体制的正确性和可行性。

1994 年，我国启动北斗卫星导航试验系统建设。2000 年 10 月和 12 月，在西昌卫星发射中心发射两颗北斗导航试验卫星，分别定点于东经 140°和 80°。北斗卫星导航试验系统建成，标志着我国成为世界上第三个拥有自主卫星导航系统的国家。

2004 年 9 月，启动北斗卫星导航系统建设。2007 年 4 月，北斗卫星导航系统首颗 MEO 卫星成功发射，保护了 ITU 频率资料，开展了国产星载原子钟、精密轨道与时间同步、信号传输体制等大量技术试验。

2009 年 4 月，北斗卫星导航系统首颗 GEO 卫星成功发射，验证了 GEO 导航卫星的相关技术。2010 年 1 月，北斗卫星导航系统第二颗 GEO 卫星成功发射，进一步验证了 GEO 导航卫星的相关技术。

从 2011 年 12 月 27 日起，北斗向中国及周边地区提供连续的导航定位和授时服务。 此时，北斗卫星导航系统的在轨卫星已经有 10 颗。进入 2012 年，北斗卫星导航系统的组网进程加速。2 月发射第 11 颗卫星后，4 月和 9 月，均用一箭双星的方式，将第 12 至第 15 颗卫星送入太空。到 2012 年底，北斗系统基本建成后将提供正式运行服务，届时覆盖区内定位精度达到 10m。

2.4.2 系统构成

北斗导航系统主要由空间部分、地面中心控制系统和用户终端 3 个部分组成。

1. 空间部分

空间部分由轨道高度为 36000km 的 2 颗工作卫星和 1 颗备用卫星组成（一个轨道平面），其坐标分别为（80°E，0°，36000km）、（140°E，0°，36000km）、（110.5°E，0°，36000km）。地球轨道卫星分布在 3 个轨道面上，轨道面之间为相隔 120°均匀分布。至 2012 年底北斗亚太区域导航正式开通时，已为正式系统在西昌卫星发射中心发射了 16 颗卫星，其中 14 颗组网并提供服务，分别为 5 颗静止轨道卫星、5 颗倾斜地球同步轨道卫星（均在倾角 55°的轨道面上），4 颗中地球轨道卫星（均在倾角 55°的轨道面上）。卫星不发射导航电文，也不配备高精度原子钟，只是用于在地面中心站与用户之间进行双向信号中继。卫星电波能覆盖地球表面的 42%面积，其覆盖的经度为 100°，纬度为 N81°～S81°。北斗卫星星座图如图 2-8 所示。

2．地面控制中心系统

这是北斗导航系统的中枢，包括 1 个配有电子高程图的地面中心站、地面网管中心、测轨站、测高站和数十个分布在全国各地的地面参考标校站，主要是用于对卫星定位、测轨，调整卫星运行轨道、姿态，控制卫星的工作，测量和收集校正导航定位参量，以形成用户定位修正数据并对用户进行精确定位。

3．用户终端

用户终端为带有定向天线的收发器，用于接收中心站通过卫星转发来的信号和向中心站发射通信请求，不含定位解算处理功能。根据应用环境和功能的不同，北斗用户机分为普通型、通信型、授时型、指挥型和多模型用户机 5 种，其中，指挥型用户机又可分为一级、二级、三级 3 个等级。北斗系统接收机如图 2-9 所示。

图 2-8　北斗卫星星座图　　　　　图 2-9　北斗系统接收机

2.4.3　北斗系统的功能

1．基本功能

北斗导航定位系统提供 4 种基本的定位和通信服务。

短报文通信：北斗系统用户终端具有双向报文通信功能，用户可以一次传送 40～160 个汉字的短报文信息。

精密授时：北斗系统具有精密授时功能，可向用户提供 20～100ns 时间同步精度。

定位精度：水平精度为 100m（1σ），设立标校站之后为 20m（类似差分状态）。工作频率为：2491.75MHz。

系统容纳的最大用户数：为每小时 540000 户。

2．军用功能

北斗卫星导航定位系统的军事功能与 GPS 类似，如运动目标的定位导航；为缩短反应时间的武器载具发射位置的快速定位；人员搜救、水上排雷的定位需求等。

这项功能用在军事上，意味着可主动进行各级部队的定位，也就是说大陆各级部队一旦配备北斗卫星导航定位系统，除了可供自身定位导航外，高层指挥部也可随时通过北斗系统掌握部队位置，并传递相关命令，对任务的执行有相当大的助益。换言之，大陆可利用北斗卫星导航定位系统执行部队指挥与管制及战场管理。

3．民用功能

北斗导航定位系统应用在个人位置服务、气象应用、道路交通管理、铁路智能交通、海运和水运、航空运输、应急救援、指导放牧等方面。

2.4.4　北斗系统与 GPS 的比较

1．覆盖范围

北斗导航系统是覆盖我国本土的区域导航系统。覆盖范围东经约 70°～140°，北纬 5°～55°。GPS 是覆盖全球的全天候导航系统。能够确保在地球上任何地点、任何时间能同时观测到 6～9 颗卫星（实际上最多能观测到 11 颗）。

2．卫星数量和轨道特性

北斗导航系统是在地球赤道平面上设置 2 颗地球同步卫星的赤道角距约 60°。GPS 是在 6 个轨道平面上设置 24 颗卫星，轨道赤道倾角为 55°，轨道面赤道角距为 60°。航卫星为准同步轨道，绕地球一周 11 小时 58 分。

3．定位原理

北斗导航系统是主动式双向测距二维导航。地面中心控制系统解算，供用户三维定位数据。"北斗一号"的这种工作原理带来两个方面的问题，一是用户定位的同时失去了无线电隐蔽性，这在军事上相当不利；另一方面由于设备必须包含发射机，因此在体积、重量、价格和功耗方面处于不利的地位。GPS 是被动式伪码单向测距三维导航。由用户设备独立解算自己的三维定位数据。

4．定位精度

北斗导航系统三维定位精度约几十米，授时精度约 100ns。GPS 三维定位精度 P 码目前已由 16m 提高到 6m，C/A 码目前已由 25～100m 提高到 12m，授时精度日前约 20ns。

5．用户容量

北斗导航系统由于是主动双向测距的询问——应答系统，用户设备与地球同步，卫星之间不仅要接收地面中心控制系统的询问信号，还要求用户设备向同步卫星发射应答信号，这样，系统的用户容量取决于用户允许的信道阻塞率、询问信号速率和用户的响应频率。因此，北斗导航系统的用户设备容量是有限的。GPS 是单向测距系统，用户设备只要接收导航卫星发出的导航电文即可进行测距定位，因此 GPS 的用户设备容量是无限的。

6．生存能力

"北斗一号"与所有导航定位卫星系统一样，是基于中心控制系统和卫星的工作，但是"北斗一号"对中心控制系统的依赖性明显要大很多，因为定位解算的过程由系统完成而不是用户设备完成。GPS 正在发展星际横向数据链技术，为了弥补这种系统易损性，使万一主控站被毁后 GPS 卫星可以独立运行。而"北斗一号"系统从原理上排除了这种可能性，一旦中心控制系统受损，系统就不能继续工作了。

7．实时性

"北斗一号"用户的定位申请要送回中心控制系统，中心控制系统解算出用户的三维位置数据之后再发回用户，其间要经过地球静止卫星走一个来回，再加上卫星转发，中心控制系统的处理，时间延迟就更长了，因此对于高速运动体，就加大了定位的误差。但是，"北斗一号"卫星导航系统也有一些自身的特点，其具备的短信通信功能就是 GPS 所不具备的。

2.5 惯性导航与组合导航

2.5.1 惯性导航

惯性导航系统（INS-Inertial Navigation System）是 20 世纪初发展起来的，其利用惯性元件（加速度计）来测量运载体本身的加速度，经过积分和运算得到速度和位置，从而达到对运载体导航定位的目的。组成惯性导航系统的设备都安装在运载体内，工作时不依赖外界信息，也不向外界辐射能量，不易受到干扰，是一种自主式导航系统。

惯性导航系统通常由惯性测量装置、计算机、控制显示器等组成。惯性测量装置包括加速度计和陀螺仪，又称为惯性测量单元。3 个自由度陀螺仪用来测量运载体的 3 个转动运动；3 个加速度计用来测量运载体的 3 个平移运动的加速度。计算机根据测得的加速度信号计算出运载体的速度和位置数据。控制显示器显示各种导航参数。按照惯性测量单元在运载体上的安装方式，分为平台式惯性导航系统（惯性测量单元安装在惯性平台的台体上）和捷联式惯性导航系统（惯性测量单元直接安装在运载体上）两类；后者省去平台，仪表工作条件不佳（影响精度），计算工作量大。目前应用中的惯性导航系统主要分成两类：平台式惯性导航系统与捷联式惯性导航系统。在平台式系统中，惯性元件（陀螺和加速度计）安装在一个物理平台上，利用陀螺通过饲服电机驱动稳定平台，使其始终跟踪一个空间直角坐标系（导航坐标系）。而敏感轴始终位于该系三轴方向上的三个加速度计上，就可以测得三轴方向上的运动加速度值。该坐标系也是完成诸如积分等导航计算所在的坐标系，故又称为计算坐标系。根据计算坐标系选取的不同，平台式惯导系统又分为两类：空间稳定式（Space-stable）和当地水平式（Local-level）。空间稳定 INS 平台在载体运动过程中一直模拟惯性坐标系，所有观测（观测值）及计算（结果）都是在该坐标系中进行的。当地水平式 INS 的稳定平台模拟的是当地水平坐标系（东北天坐标系）。观测的结果是东、北、天方向上的加速度，经积分计算直接给出载体所在的位置参数。图 2-10 所示为诺瓦泰（NovAtel）SPAN-CPT 一体式光纤惯性组合。

在第二类的惯性导航系统，即捷联式惯性导航系统（SINS-Strapdown Inertial Navigation System）中，没有实体平台，陀螺和加速度计直接安装在载体上。在运动过程中，陀螺测定载体相对于惯性参照系的运动角速度，并由此计算载体坐标系至导航（计算）坐标系的坐标变换矩阵。通过此矩阵，把加速度计测得的加速数信息变换至导航坐标系，然后进行导航计算，得到所需要的导航参数。

图 2-10　诺瓦泰（NovAtel）SPAN-CPT 一体式光纤惯性组合

与平台式系统相比，捷联式惯导系统的优点在于以下几个方面。

（1）省掉了机电式平台，体积、重量和成本都大大降低。

（2）惯性元件可以直接按数字信号形式（无须 A/D 转换）输出并记录原始观测信息，包括载体的线运动加速度和角速度，而这些参数是载体控制所需要的。采用平台式惯导控制系统所需要的这些量，必须由单独的加速度传感器和角速度传感器来提供；采用捷联式惯导系统这些传感器可以省掉。

（3）捷联式惯导系统由于可以获得数字信号形式的原始观测值，所以可以进行测后各类动态建模和最优数据处理；可以提取不同的应用领域所需要的各类信息，因而大大拓宽了惯性系统的应用范围。

（4）捷联式惯导系统可靠性高。

（5）捷联式惯导系统初始对准较平台式惯导系统快。

2.5.2　组合导航

惯性导航定位技术有完全自主式、保密性强等诸多优点，但它存在着误差随时间迅速积累增长的问题，这是惯导系统的主要缺点。从初始对准开始，其导航误差就随着时间而增加。另一方面，对一般惯导系统来说，加温和初始对准所需的时间也比较长。这对远距离、高精度的导航和某些特定条件下的快速反应等性能要求，就成了比较突出的问题。正是由于这些原因，对纯惯导来说，就需要有高质量的惯性元件和温控系统，尤其是对陀螺仪有很高的要求。然而，研制高精度的惯性元件却要花费相当大的人力、物力和财力。不仅如此，还受到技术工艺水平等许多因素的限制。

正因为如此，靠惯导系统本身来解决这些问题，只能是在有限程度上的改善，而不能从根本上解决问题。所以，需要利用外部信息进行辅助，这就是要寻求一种导航系统，它的误差不随时间积累，用它来校正惯导系统，控制其误差随时间的积累。

组合导航是用 GPS、无线电导航、天文导航、卫星导航等系统中的一个或几个与惯导组合在一起，形成的综合导航系统。大多数组合导航系统以惯导系统为主，其原因主要是由于惯性导航能够提供比较多的导航参数，还能够提供全姿态信息参数，这是其他导航系统所不能比拟的。此外，它不受外界干扰，隐蔽性好，这也是其独特的优点。惯导系统定位误差随时间积累的不足可以由其他导航系统来补充。

组合导航系统一般具有以下功能。

（1）协合功能：利用各分系统的导航信息，形成分系统所不具备的导航功能。如用大气数据计算机的空速信息和罗盘的航向信息工作的自动领航仪可以提供飞机的位置信息。它是一种早期的组合导航系统。

（2）互补功能：组合后的导航功能虽然与各分系统的导航功能相同，但它能够综合利用分系统的特点，从而扩大了使用范围和提高了导航精度。

（3）余度功能:两种以上导航系统的组合具有导航余度的功能，增加了导航系统的可靠性。

以惯性导航为主的组合导航系统，其组合方式有三种：重调方式、阻尼方式、最优组合方式。

其中，重调方式是一种利用回路之外的导航信息来校正的工作方式，在惯性导航工作过程中，利用辅助导航源得到的位置测量信息对惯性导航位置进行校正。因此，惯导回路的响应特性没有任何变化。

阻尼方式是利用惯性导航与辅助导航源的测量差，通过反馈修正惯性导航系统，使导航误差减小。但这种方式在机动情况下，阻尼效果并不理想。

最优组合方式，是在 20 世纪 60 年代现代控制理论出现以后，根据最优控制理论和卡尔曼滤波方式设计的滤波器成为组合导航的重要方法，它是将各类传感器提供的导航信息应用卡尔曼滤波方法进行信息处理，卡尔曼滤波是一种递推线性最小方差估计，以此可以得出惯性系统误差的最优估计值，再由控制器对惯导系统进行校正，使得系统误差最小。

最基本的组合方法是以推测定位为主，定期用更高准确度的设备进行校正。目前，根据不同的应用要求与目的，可以构成不同的组合导航系统，由于惯性导航系统的自主性，目前多以惯性导航系统为主导航系统构成组合导航系统。根据辅助导航信息源的不同，组合导航系统主要可分为惯性—卫星组合导航、惯性—地形组合导航、惯性—地磁组合导航、惯性—星光（天文）组合导航、惯性—视觉组合导航等。

2.6　卫星导航及组合导航系统的应用

2.6.1　卫星导航系统的应用

美国的 GPS、俄罗斯的 GNOLASS、欧盟的 Galileo 和中国的北斗导航定位系统都属于卫星导航，以 GPS 为代表的卫星导航应用产业已逐步成为一个全球性的高新技术产业，以 GPS 为代表的卫星导航应用产业已逐步成为一个全球性的高新技术产业，普遍应用于地理数据采集、测绘、车辆监控调度和导航服务、航空航海、军用、时间和同步、机械控制、大众消费应用。

1．地理数据采集

人类 80%的活动与空间信息有关，地理数据采集是 GNSS 最基本的专业应用，用来确认航点、航线和航迹。国土、矿产和环境调查等需要确定采样的点位信息，铁路、公路、电力、石油、水利等需要确定管线位置信息，房地产、资产和设备巡检需要面积和航迹位置信息。GIS 数据采集产品正在成为满足各行业对空间地理数据需求的常用工具。

2．高精度测量

卫星导航应用给测绘界带来了一场革命，现已广泛应用在大地测量、资源勘查、地壳运动、地籍测量及工程测量等领域，在海洋测量和海洋工程中的应用也已经兴起。与传统的测量手段相比，卫星导航应用有巨大的优势：测量精度高；操作简便，仪器体积小，便于携带；全天候操作；观测点之间无须通视。

3．车辆监控调度及导航服务

车辆监控调度应用系统通过 GNSS 全球定位技术，利用通信信道，将移动车辆的位置数据传送到监控中心，实现 GIS 的图形化监视、查询、分析功能，对车辆进行调度和管理。

车载导航系统结合了卫星导航技术、地理信息技术和汽车电子技术，可在显示器上精确显示汽车的位置、速度和方向，为驾驶者提供实时的道路引导。

4．航空应用

为满足日益增长的空中运输量的需求，适应新型飞机航程的扩展与航速的提高，克服陆基空中交通管理系统的局限性，国际民航组织（ICAO）决定实施基于卫星导航、卫星通信和数据通信技术的新的空中交通管理系统，即新航行系统。根据 ICAO 的要求，新系统和原系统在 2005 年前同时使用，到 2010 年全球范围内的陆基系统将逐步停止使用，2010 年以后新系统将作为唯一手段在全世界范围内运行。

5．航海应用（**主要包括救援、导航和港口运作**）

1992 年 2 月 1 日，国际海事组织在全世界范围内实施《**全球海上遇险和安全系统**》（GMDSS），利用海事卫星（INMARSAT）改善海上遇险与安全通信，建立新的全球卫星通信搜救网络。该搜救网络使用了全球卫星导航系统后，弥补了 GMDSS 系统在确定位置方面的不足。

海洋和河道运输是当今世界上最广泛应用的运输方式，效率、安全和最优化是海洋和河道运输重点。卫星导航技术的应用，有效地实现了最小航行交通冲突，最有效地利用日益拥挤的航路，保证了航行安全，提高了交通运输效益。

2.6.2　组合导航系统的应用

组合惯性导航是由两种或两种以上的导航技术组合而成的，其中多以惯性导航系统为主要分系统。以 GPS/INS（惯性—卫星导航系统）发展最为迅速，其中 GPS 是当前应用最为广泛的卫星导航定位系统，使用方便、成本低廉，其最新的实际定位精度已经达到 5m 以内。但是 GPS 系统军事应用还存在易受干扰、动态环境中可靠性差，以及数据输出频率低等不足。INS 系统则是利用安装在载体上的惯性测量装置（如加速度计和陀螺仪等）敏感载体的运动，输出载体的姿态和位置信息。INS 系统完全自主，保密性强，并且机动灵活，具备多功能参数输出，但是存在误差随时间迅速积累的问题，导航精度随时间而发散，不能单独长时间工作，必须不断加以校准。将 GPS 和 INS 进行组合可以使两种导航系统取长补短，构成一个有机的整体。使得 GPS/INS 组合制导技术在现代战争中广泛应用。

1．GPS/INS 组合制导成为广泛应用的全程制导和中段制导技术

目前，以美国"战斧"巡航导弹为代表的对地攻击导弹中的制导方式仍然是惯导+辅助导航系统。由于美国军用 GPS 具有相当高的精度并且使用方便，美国和其他

一些西方国家都在中制导段采用 GPS 作为惯导的辅助导航系统而不再采用地形匹配。此外，许多新型制导武器如洛马公司研制的"联合防区外空地导弹"（JASSM）和波音公司制造的"联合直接攻击弹药"（JDAM）等均依靠 GPS/INS 进行高精度制导。

以 JDAM 为例，它是将现有库存的普通炸弹加装 GPS/INS 制导的尾部组件而改成的全天候制导弹药，其惯导部分采用了一种小型激光陀螺仪。JDAM 在投放前由载机的航空电子系统不断修正。一旦投放，炸弹的 GPS/INS 系统将接管载机航空电子系统的工作，并引导炸弹飞向目标，而不受天气情况的影响。制导通过一个精确的 GPS 部件和一个三轴 INS 部件的密切配合实现。制导控制部件在 GPS 辅助INS 操作模式和 INS 单一操作模式中都提供了精确制导。

以上这些武器比飞机更接近干扰机，所面临的干扰强度比发射导弹的飞机要严重得多。GPS/INS 组合制导系统能识别干扰信号的存在，并在较短的时间内以较小的制导误差进行精确制导。

一体化 GPS/INS 组合制导不仅提高了武器系统的可靠性，而且精度也高，通常其圆概率误差在 10～13m 之间，而单独使用 GPS 制导的精度约为 15m。

2. GPS/INS 组合制导系统为飞机等武器平台提供导航定位服务

目前，美国和其他北约国家空军的绝大部分主战飞机都换装了以激光陀螺为核心的第二代标准惯导仪。其改装计划的重点是，在以光学陀螺为基础的惯性系统黑匣子中嵌入结实的、抗干扰的 GPS 接收机（OEMB 板）。这种嵌入式配置不需要在惯导和单独的 GPS 接收机之间设置另外的安全总线，从而使 GPS 的伪距/伪距率数据不会受到威胁信号的干扰。这种 INS 和 GPS 的深耦合系统称为"嵌入惯导系统中的 GPS"，简称为 EG1，其定位精度均为 0.8km/h（圆概率误差），准备时间也由过去的 15min 减少到 5～8min，系统可靠性从原来的几百小时提高到 2000～4000h。

3. GPS/INS 组合制导系统为军事侦察行动提供高精度定位信号

侦察的目的在于发现目标，确定目标的位置和评估武器的打击效果。对目标的命中率取决于武器制导的精度、发现目标的能力和对目标定位的精度。目前，很多国家正在利用高空成像技术建立全球地理信息数据库。高空成像系统主要由高空侦察机、低轨和中轨卫星组成，该系统就使用了 GPS/INS 组合制导系统，利用其提供的无人侦察机实时位置和炮弹所放出的侦察降落伞的实时位置将连同图像一并发送基地，进而确定目标的位置。

2.7 GPS 接收机的认识和使用

2.7.1 实验目的

（1）了解 GPS 接收机的工作原理。

（2）了解天宝 4800GPS 接收机、华测 X20GPS 接收机和华测 X90GPS 接收机的构造。

（3）熟悉 GPS 接收机各部件的名称、功能和作用。

（4）掌握各部件的连接方法。

（5）初步掌握 GPS 接收机的使用方法。

2.7.2 GPS 接收机的工作原理

GPS 接收机主要是由 GPS 接收机天线单元、GPS 接收机主机单元和电源单元三部分组成的。接收机主机由变频器、信号通道、微处理器、存储器及显示器组成，基本结构如图 2-11 所示。

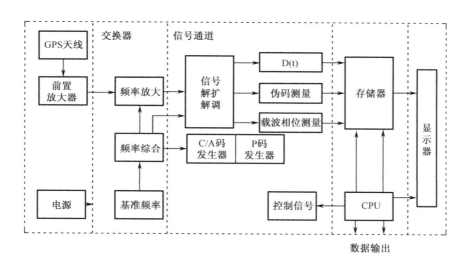

图 2-11 GPS 接收机基本结构原理图

1．接收机天线

接收机天线部分由天线和前置放大器组成。天线的作用是将 GPS 卫星信号的极微弱的电磁波转化为相应的电流；前置放大器的作用则是将微弱的 GPS 信号电流进行相应放大。通常对天线部分有如下要求。

（1）天线与前置放大器密封为一体，保障天线部分能够正常工作，减少信号损失。

（2）能够接收来自任何方向的卫星信号，不产生接收死角。

（3）拥有防护和屏蔽多路径效应的措施。

（4）天线的相位中心可保持高度的稳定，并与其几何中心尽量保持一致。

2．接收机主机

1）变频器

经过 GPS 前置放大器的信号仍然很微弱，为了使接收机通道得到稳定的高增益，并且使 L 频段的射频信号变成低频信号，必须采用变频器。

信号通道

信号通道是 GPS 接收机的核心部分，GPS 信号通道是硬软件结合的电路，不同类型的接收机其通道是不同的。GPS 信号通道具有以下作用。

（1）搜索卫星，牵引并跟踪卫星。

（2）对广播电文数据信号实行解扩，解调出广播电文。

（3）进行伪距测量、载波相位测量及多普勒频移测量。

由于接收机接收到的信号是扩频的调制信号，所以要经过解扩、解调才能得到导航电文，因此在相关通道电路中设有伪码相位跟踪环和载波相位跟踪环。

2）存储器

接收机内设有存储器或存储卡，以存储卫星星历、卫星历书、接收机采集到的码相位伪距观测值、载波相位观测值及多普勒频移。目前 GPS 接收机都装有半导体存储器（简称内存），接收机内存数据可以通过数据口传到微机上，以便进行数据处理和数据保存。在存储器内还装有多种工作软件，如自测试软件、卫星预报软件、导航电文解码软件、GPS 单点定位软件等。

3）微处理器 CPU

微处理是 GPS 接收机工作的灵魂，GPS 接收机工作都是在微机指令统一协同下进行的，其主要工作步骤为如下。

（1）接收机开机后，立即指示各个通道进行自检，适时地在视屏显示窗内展示各自的自检结果，并测定、校正和存储各个通道的时延值。

（2）接收机对卫星进行捕捉跟踪后，根据跟踪环路所输出的数据码，解译出 GPS 卫星星历。当同时锁定 4 颗卫星时，将 C/A 码伪距观测值连同星历一起计算出测站的三维位置，并按照预置的位置数据更新率，不断地更新（计算）点的坐标。

（3）用已测得的点位坐标和 GPS 卫星历书，计算所有在轨卫星的升降时间、方位和高度角，并为作业人员提供在视卫星数量及其工作状况，以便选用"健康"的且分布适宜的定位卫星，达到提高点位精度的目的。

（4）接收用户输入的信号，如测站名、测站号、天线高和气象参数等。

电源

GPS 接收机的电源包括内电源和外接电源。内电源采用锂电池，主要用于 RAM 存储器供电，以防止数据丢失。外接电源一般采用汽车电瓶或者随机配备的专用电源适配器。当用交流电时，要经过稳定电源或专用电流交换器。

综上所述，GPS 信号接收机的任务：接收 GPS 卫星发射的信号，能够捕获到按一定卫星高度截止角所选择的待测卫星的信号，并跟踪这些卫星的运行，获得必要的导航和定位信息及观测量；对所接收到的 GPS 信号进行变换、放大和处理，以便测量出 GPS 信号从卫星到接收机天线的传播时间，解译出 GPS 卫星所发送的导航电文，实时地计算出测站的三维位置，甚至三维速度和时间。

2.7.3　GPS 接收机简介

1. 天宝 4800GPS 接收机的介绍

4800 不需要点间通视，在任何情况下均可进行操作。它可有效地应用于短基线、中等基线及长基线的静态、快速静态测量。4800 是集成的一体化接收机，接收机及天线密封于一体，总重量只有 2.7kg，需外接电池。

4800 操作简单，坚固耐用，全机只需一个按钮操作。整个野外观测过程只需利用电源按钮开机和关机就可以了。4800 应用于快速静态，观测时间一般情况下需要半小时，具体时间要根据基线的长度决定，其精度能达到 5mm+1ppm.D。

1）Trimble 4800 GPS 接收机各部件的认识

这里着重介绍 4800 的三个 LED 指示灯。

（1）LED 灯介绍：4800 的三个 LED 灯分别是电源指示灯，数据记录灯，卫星跟踪灯。在 OFF 状态下，电源指示灯表明系统处于关机状态，记录指示灯表示系统没有记录数据，或测量还没有开始，或接收机内存已满，导致增加的数据不能被记录。卫星指示灯表明没有卫星被跟踪。

（2）在 ON 状态下，电源指示灯表明接收机处于开机状态，正常供电，记录指示灯表明正常记录数据。

（3）慢闪状态下，指示灯表明对于快速静态测量，接收机已经采集了足够的数据。慢闪状态下，数据仍被继续记录。卫星指示灯慢闪表明接收机跟踪了 4 颗或更多的卫星。图 2-12 所示为 Trimble 4800 GPS 接机。

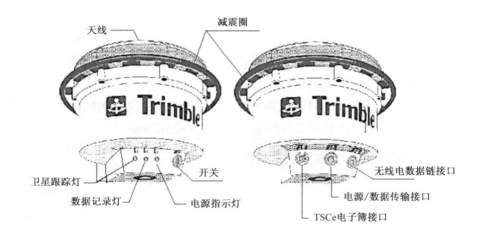

图 2-12　Trimble 4800 GPS 接收机

（4）快闪状态下，电源指示灯表明电量不足，需要更换电池，或外部电源不能提供足够的电能。记录指示灯快闪仍正常记录，但它表明剩下的内存不多。卫星指示灯快闪表明接收机跟踪了 3 颗或更少的卫星。

2）观察三个 LED 灯在整个观测过程中的变化情况。三个 LED 灯有如下几种变化情况：

（1）开机，初始化——按电源按钮打开 4800 接收机，三个液晶指示灯初始化，大约需要 1 秒钟。接着电源指示灯呈绿色常亮,剩下的两个液晶指示灯被自动关掉。当接收机首次锁定到 3 颗卫星,卫星灯呈红色快闪状态。一旦有 4 颗或 4 颗以上的卫星被锁定,卫星灯就慢闪。当红色卫星 LED 灯开始慢闪时,一个数据文件被打开,同时数据记录 LED 灯呈黄色常亮。

(2)数据记录——当接收机正常记录时,红色卫星灯慢闪,同时黄色的记录灯处于常亮状态,在存储数据的期间,接收机正常跟踪卫星,即红色卫星灯慢闪,同时内置的处理器会自动确认对于快速静态测量还需要多长的时间采集数据。

(3)Trimble 4800GPS 接收机自动记录文件名的规则

接收机开机以后,当跟踪到 4 颗或更多的卫星时,4800 会自动创建一个文件,同时自动给文件命名,每个文件名详细地描述了接收机的系列号,GPS 年积日和当天在野外观测时段的顺序号。自动命名规则:AAAABBBC.dat,其中 AAAA 表示接收机系列号的最后 4 位数据;BBB 表示 GPS 年积日;C 表示观测时段的顺序号确定(0~9,A~Z)。dat 为数据文件的扩展名。

按上面的记录特征,允许记录的文件名每天可以有 16 个,如果某天观测的时段超过了 16 个时段,对于第 16 个文件之后的所有文件,其文件名都是相同的,区别它们可以看它们的日期和时间。

如 2007 年 9 月 7 日,接收机系列号的最后 4 位数据为 5306 的仪器在点号为 003 的点上观测的第二次数据文件的文件名为 53062501.dat 。

2. 华测 X20 单频 GPS 接收机的介绍

华测 X20 单频 GPS 接收机,工作温度为-40℃~+75 ℃、100%防水、防尘、无冷凝、抗 2m 摔落、适用于任何恶劣条件下工作。平面精度为±5mm+1ppm、垂直精度为±10mm+1ppm。

电池可连续工作 18 小时,数据存储容量为 16MB,存储 10 天内 6 颗卫星 15 秒采样间隔的原始数据。支持串口、USB、蓝牙等方式的数据传输。

华测 X20 单频 GPS 接收机可以完成四等(D 级)控制网及以下的静态工作,支持后处理动态走走停停,连续的工作测量(厘米级的定位精度),支持后出理差分测量(亚米级的定位精度)。

华测 X20 控制面板有一个电源按钮,三个 LED 灯,监控整个作业过程,包括卫星状态、数据记录情况、电源电量。

3．华测 X90GPS 接收机的介绍

华测 X90 是一个完全一体化、无须电缆的双频 RTK GPS 系统。接收机本身把双频 GPS 接收机、高性能双频测量型 GPS 天线、UHF 无线电、蓝牙模块和电池组合在一个小型单元中。数据存储容量为 32MB 闪存，静态可满足连续 160 个小时以上的数据采集需求，在掉电情况下保存数据 10 年。防 1m 水下浸泡，抗 2m 水泥地坠落，工作温度为-30℃～+75℃之间。

华测天骄 X90 移动站可以稳定地兼容 VRS（虚拟参考站、网络 RTK 系统）。RTK 电台作用距离为 10～28km。静态和快速静态水平精度为±5mm+1ppm RMS、垂直精度为±10mm+1ppm RMS；实时动态（RTK）水平精度为±10mm+1ppm RMS、垂直精度为±20mm+1ppm RMS。

4．华测 X90 GPS 接收机各部件的认识

X90 接收机的所有操作控制装置都位于前面板（四个 LED 和一个电源按钮、一个切换键），串口和接头位于单元底部。图 2-13 所示为华测 X90 接收机。

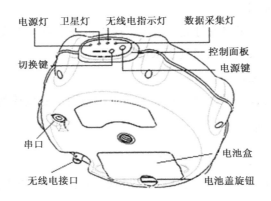

图 2-13　华测 X90 接收机

（1）卫星灯

指示 X90 接收卫星信号情况。如果接收到卫星信号，则交替闪烁，每秒钟一次，闪烁的次数表示跟踪的卫星数，每次交替闪烁有 5s 的间隙；如果每个间隔只闪烁一次，表示没有跟踪上卫星，或者仅跟踪上一颗卫星；如果根本没有闪烁，则表示接收机工作不正常，需要重新开机。

（2）数据采集灯

在静态采集模式下，闪烁一次表示正在存储一个历元数据，闪烁间隔与采集间隔一致，如果采样间隔 5 秒/次则存储灯每隔 5s 闪烁一次；在 RTK 模式下，闪烁一次表示收到一次错误的电台数据；另外，当用蓝牙连接主机时此灯要不停地闪烁，直到手簿连接上主机，此时如果给接收机发送命令时（如启动移动站接收机）此灯也要闪烁。

（3）无线电指示灯

指示 X90 接收电台数据情况，闪烁表示 X90 正在接收电台数据。

（4）电源灯

指示 X90 电池使用状态。在电池供电模式下，长亮表示当前 X90 由电池供电且电量充足；闪烁表示电池电量不足。

（5）切换键

用于 X90 工作模式切换。X90 上电开机后处于 RTK 模式，如需切换到静态采集模式，按下切换键，数据采集灯亮，当数据采集灯熄灭时即可松开切换键完成切换。如需从静态采集模式切换到 RTK 模式，按下切换键，无线电指示灯亮，当无线电指示灯熄灭时即可松开切换键，此后卫星灯、数据采集灯、无线电指示灯点亮，然后熄灭，此时完成切换。

按一下切换键，如果电台灯亮，则表明接收机外于静态模式；如果按一下切换键，数据记录灯亮，表明接收机处于 RTK 模式。

（6）串口和无线电接口

串口主要用于连接手薄和计算机，无线电端口用于连接棒状无线电接收天线。

5．操作注意事项

安装接收机时，应注意以下事项。

（1）插上 Lemon 电缆后，要确保接收机端口的红点与电缆接头对齐。千万不要用力插电缆，以防损坏接头的插脚。

（2）断开 Lemon 电缆后，拉动滑动轴环，然后从端口直拔电缆接头，不要扭动接头或拉曳电缆。

（3）要安全地连接 TNC 电缆，把电缆接头与接收机插座对齐，再把电缆接头小心地插到插座上，直到完全吻合为止。

（4）X90 内置电池放到电池舱内时，确保接触点的位置准确地与接收机的接触点对齐，把电池和电池舱作为一个整体滑入到接收机内，直到电池舱安置到位并卡定为止。

（5）收起电缆时，一定要把电缆盘成环状，避免电缆的扭折。

（6）夏天工作时，尽量避免仪器直接暴晒在阳光下。

小结

目前，除我国的北斗卫星导航系统之外，世界上正在运行的全球卫星导航定位系统主要有两大系统：一是美国的 GPS，二是俄罗斯的 GNOLASS。近年来欧盟也正在建设有自己特色的 Galileo。因而，未来密布在太空的全球卫星定位系统将形成 GPS、GNOLASS、北斗、Galileo 四大卫星导航系统相互竞争的局面。

四大卫星导航系统各有千秋：GLONASS 的民用精度较高，GPS 只能找到街道，而 Galileo 却能找到车库的门，北斗的特长是如何通过短信让他人获知自己的位置是其他导航系统目前不具备的。

组合导航系统以惯性导航和 GPS 卫星导航的组合导航最为典型。GPS 和 INS 将各自的优点和性能进行了互补，发挥了各自的特点。使系统的导航能力、精度、可靠度和自动化程度大为提高，组合导航成为目前导航技术发展的方向之一。同时，本章还简单介绍了 GPS 接收机的认识和使用。

第3章　GPS 定位基本原理及误差分析

测量学中的交会法测量里有一种测距交会确定点位的方法。与其相似，GPS的定位原理就是利用空间分布的卫星，以及卫星与地面点的距离交会得出地面点位置。简言之，GPS 定位原理是一种空间的距离交会原理。

GPS 卫星发射测距信号和导航电文，导航电文中含有卫星的位置信息。用户用GPS 接收机在某一时刻同时接收三颗以上的 GPS 卫星信号，测量出测站点（接收机天线中心）P 至 4 颗以上 GPS 卫星的距离并解算出该时刻 GPS 的空间坐标，据此利用距离交会法解算出测站 P 的位置，如图 3-1 所示。

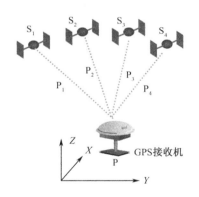

图 3-1　GPS 定位原理

设时刻 t_i 在测站点 P 用 GPS 接收机同时测得 P 点至 4 颗 GPS 卫星 S_1、S_2、S_3、S_4 的距离 ρ_1、ρ_2、ρ_3、ρ_4，通过 GPS 电文解译出该时刻三颗 GPS 卫星的三维坐标分别为（X^j，Y^j，Z^j），j=1，2，3，4。利用距离交会的方法解 P 点的三维坐标（X，Y，Z）及接收机钟差 δ_t 的观测方程为

$$\begin{cases} \rho_1^2 = (X - X^1)^2 + (Y - Y^1)^2 + (Z - Z^1)^2 \\ \rho_1^2 = (X - X^2)^2 + (Y - Y^2)^2 + (Z - Z^2)^2 \\ \rho_1^2 = (X - X^3)^2 + (Y - Y^3)^2 + (Z - Z^3)^2 \\ \rho_1^2 = (X - X^4) + (Y - Y^4)^2 + (Z - Z^4)^2 \end{cases} \qquad (3\text{-}1)$$

式中，c 为光速，δ_r 为接收机钟差。

在 GPS 定位中，GPS 卫星是高速运动的卫星，其坐标值随时间在快速变化着。需要实时地用 GPS 卫星信号测量出测站点至卫星之间的距离，实时地由卫星的导航电文解算出卫星的坐标值，并进行测站点的定位。依据测距的原理，其定位原理与方法主要有伪距法定位、载波相位测量定位，以及差分 GPS 定位等。

对于待定点来说，根据其运动的状态可以将 GPS 定位分为静态定位和动态定位两类。静态定位指的是对于将固定不变的带定点，将 GPS 接收机安置于其上，观测数分钟乃至更长时间，以确定该点的三维坐标，又称为绝对定位。若以两台 GPS 接收机分别置于两个固定不变的待定点上，则通过一定时间的观测，可以确定两个待定点之间的相对位置，又称为相对定位。而动态定位则至少有一台接收机处于运动状态，测定的是各观测时刻运动中的接收机的点位（绝对点位或相对点位）。

利用接收到的卫星信号（测距码）或载波相位，均可进行静态定位。在实际应用中，为了减弱卫星的轨道误差、卫星钟差、接收机钟差，以及电离层和对流层的折射误差的影响，常采用载波相位观测值的各种线性组合（差分值）作为观测值，获得两点之间高精度的 GPS 基线向量。

3.1　伪距测量

伪距定位法是由 GPS 接收机在某一时刻测出 4 颗以上 GPS 卫星的伪距及已知的卫星位置。采用距离交会的方法求得接收机天线所在点的三维坐标。所测伪距就是由卫星发射的测距码信号到达 GPS 接收机的传播时间乘以光速所得出的量测距离。由于卫星钟、接收机钟的误差，以及无线电信号经过电离层和对流层中的延迟。实际测出的距离 P' 与卫星到接收机的几何距离 P 有一定差值，因此一般称测量出的距离为伪距。用 C/A 码进行测量的伪距为 C/A 码伪距，用 P 码测量的伪距为 P 码伪距。伪距法定位虽然一次定位精度不高（P 码定位误差约为 10m，C/A 码定位误差为 20～30m），但因其具有定位速度快，且无多值性问题等优点，仍然是 GPS 定位系统进行导航的最基本方法。同时，所测伪距又可以作为载波相位测量中解决整波数不确定问题（整周模糊度）的辅助资料。因此，有必要了解伪距测量及伪距法定位的基本原理和方法。

3.1.1 伪距测量原理

GPS 卫星依据自己的时钟发出某一结构的测距码，该测距码经过时间的传播后到达接收机。接收机在自己的时钟控制下产生一组结构完全相同的测距码——复制码，并通过时延器使其延迟时间τ'，将这两组测距码进行相关处理，若自相关系数$R(\tau') \neq 1$，则继续调整延迟时间τ'直至自相关系数$R(\tau') = 1$为止。使接收机所产生的复制码与接收到的 GPS 卫星测距码完全对齐，那么其延迟时间τ'即 GPS 卫星信号从卫星传播到接收机所用的时间τ。GPS 卫星信号的传播是一种无线电信号的传播，其速度等于光速c，卫星至接收机的距离即为τ'与c的乘积。图 3-2 所示为伪距测量的原理图。

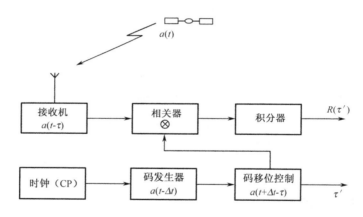

图 3-2　伪距测量的原理图

GPS 卫星发射的测距码$a(t)$从卫星天线发射，穿过电离层、对流层经时间延迟τ到达接收机天线。接收机于 T 时刻接收到的卫星信号为$a(t-\tau)$。接收机产生的与卫星发射的测距码相同的本地码为$a'(t-\tau)$，Δt为接收机与卫星钟差。经码移位电路可将本地码移位τ'得到$a(t+\Delta t-\tau')$，送入相关器与接收到的卫星信号进行处理，积分得出相关输出为

$$R(\tau') = \frac{1}{T}\int_T a(t-\tau)a(t+\Delta t-\tau')\,\mathrm{d}t \tag{3-2}$$

式中，$\Delta \tau = (t + \Delta t - \tau') - (t - \tau')$

调整移位τ'使相关输出为最大。这时根据测距码自相关的特性得

$$\begin{cases} \tau' = t + \Delta t + nT \\ \rho' = c\tau' = \rho + c\Delta t + n\lambda \end{cases} \tag{3-3}$$

式中　T——测距码周期；

$\quad\quad n$——整数，$n=1,2,3,\cdots$

$\quad\quad \lambda$——测距码波长。

式（3-3）即伪距测量的基本观测方程。式中，$n\lambda$ 为测距模糊度。当测距码的波长小于测定的距离时，存在测距模糊度的问题。采用 P 码测量时，其波长远大于待测距离，因此 $n=0$，且有

$$\rho' = \rho + c\Delta t \tag{3-4}$$

当用 C/A 测距时，其波长大约为 300km，此时存在测距模糊度问题，但如果已知精确度高于 300km 的接收机到卫星的概略距离，便可确定数据模糊度，这时 $\rho' = c(\tau' + nT)$，因此可等同于 $\rho' = \rho + c\Delta t$。

由式（3-4）可知，伪距观测量 ρ' 等于待测距离与钟差（包括卫星钟差与接收钟差）等效距离之和。钟差 Δt 包含接收机钟差 δt_k 与卫星钟差 δt^j，即 $\Delta t = -\delta t_k + \delta t^j$，若再考虑到信号传播经电离层的延迟和大气对流层的延迟，则式（3-4）改写为

$$\rho = \rho' + \delta\rho_1 + \delta\rho_2 + c\delta t_k - c\delta t^j \tag{3-5}$$

式（3-5）即所测得伪距与真正的几何距离之间的关系式，式中，$\delta\rho_1$，$\delta\rho_2$ 分别为电离层与对流层的改正项。δt_k 的下标 k 表示接收机号，δt^j 的上标 j 表示卫星号。

若能精确求出接收机与卫星钟相对于 GPS 基准时间的偏差，即可通过 Δt 对伪距进行修正，从而求得准确的卫星到接收机的距离。在实际应用中，卫星钟差包含在导航电文中，是一个已知的量，而接收机钟差未知，在定位计算中作为未知参数与点的位置一同结算，这也正是 GPS 定位为什么必须接收多余 4 个卫星的原因。

3.1.2　伪距法绝对定位原理

以上论述了 GPS 伪距码测距的基本原理与方法，其实质是通过码相关技术求定位卫星信号到接收机的延时 τ'，从而求出卫星到接收机的距离。从式（3-5）中可以看出，电离层和对流层改正可以按照一定的模型进行计算，卫星钟差 δt^j 可以自导航电文中取得。而几何距离 ρ 与卫星坐标（X_s，Y_s，Z_s）和接收机坐标（X，Y，Z）之间有如下关系，即

$$\rho^2 = (X_s - X)^2 + (Y_s - Y)^2 + (Z_s - Z)^2 \tag{3-6}$$

式中，卫星坐标可根据卫星导航电文求得，所以式中只包含接收机坐标三个未知数。

如果将接收机钟差 δt_k 也作为未知数，则共有 4 个未知数，接收机必须同时至少测定 4 颗卫星的距离才能解算出接收机的三维坐标值。因此，将式（3-6）代入式（3-5）中，则有

$$\sqrt{\left[\left(X_s^j - X\right)^2 + \left(Y_s^j - Y\right)^2 + \left(Z_s^j - Z\right)^2\right]} - c\delta t_k = \rho^j + \delta\rho_1^j + \delta\rho_2^j - c\delta t^j \qquad （3-7）$$

式中，j 为卫星数，j=1,2,3，…

式（3-7）即伪距定位的观测方程组。

3.2 载波相位测量

伪距测量的测距精度一般达到一码元宽度的 1/100，对于 P 码约为 29cm，C/A 码为 2.9cm，正是由于其测距精度较低，其定位精度也比较低。特别是由于各国政府对 P 码保密，民用伪距定位只能采用 C/A 码，定位进度不能满足测量的需要。而包含在 GPS 卫星信号中的载波频率 L_1=1575.42MHz，L_2=1227.60MHz，其相应的波长 λ_1=19.03cm，λ_2=24.42cm。由此可见相位测量的精度要比伪距测量的精度高很多。因此目前测地型 GPS 接收机普遍利用载波相位测量。相位的精度可达 1～2mm，其相对定位精度可达 10^{-8}。但载波信号是一种周期性的正弦信号，而相位测量又只能测定其不足一个波长的部分，因而存在着整周数不确定性的问题，使解算过程变得比较复杂。

在 GPS 信号中出于已用相位调整的方法在载波上调制了测距码和导航电文，因而接收到的载波的相位已不再连续，所以在进行载波相位测量以前，首先要进行解调工作，设法将调制在载波上的测距码和卫星电文去掉，重新获取载波，这一工作称为重建载波。重建载波一般可采用两种方法，一种是码相关法，另一种是平方法。采用前者，用户可同时提取测距信号和卫星电文，但用户必须知道测距码的结构；采用后者，用户无须掌握测距码的结构，但只能获得载波信号而无法获得测距码和卫星电文。

3.2.1 载波相位测量原理

载波相位测量 GPS 载波信号从 GPS 卫星发射天线到 GPS 接收机接收天线的传播路程上的相位变化，从而确定传播距离的方法。

载波信号的相位变化可以通过如下方法测得，以 $\varphi_k^j(t_k)$ 表示接收机在接收机钟面时刻 t_k 所接收到 j 卫星发射载波信号相位值，$\varphi_k(t_k)$ 表示 κ 接收机在接收机钟面时刻 t_k 所产生的本地参考信号相位值，则 k 接收机在接收钟面时刻 t_k 时观测 j 卫星所取得的相位观测量可写为

$$\Phi_k^j(t_k) = \varphi_k(t_k) - \varphi_k^j(t_k) \qquad （3-8）$$

测量过程参见图 3-3。通常的相位或相位差测量只是测出一周以内的相位值。实际测量中，如果对整周进行计数，则自某一初始取样时刻（t_0）以后就可以取得连续的相位测量值。

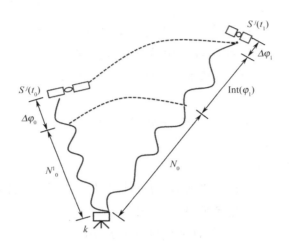

图 3-3   载波相位测量原理

如图 3-3 所示，在初始：t_0 时刻，测得小于一周的相位差为 $\Delta\varphi_0$，其整周数为 N_0^j，此时包含整周数的相位观测值应为

$$
\begin{aligned}
\Phi_k^j(t_k) &= \Delta\varphi_0 - N_0^j \\
&= \varphi_k^j(t_k) - \varphi_k(t_0) + N_0^j \\
&= \varphi_k(t_0) - \varphi_k^j(t_0) + N_0^j
\end{aligned}
\tag{3-9}
$$

接收机继续跟踪卫星信号，不断测定小于一周的相位差 $\Delta\varphi(t)$，并利用整波计数器记录从 t_0 到 t_i 时间内的整周数变化量 $lnt(\varphi)$，只要卫星 S^j 从 t_0 到 t_i 之间卫星信号没有中断，则初始时刻整周模糊度 N_0^j 就为一常数，这样，任一时刻 t_i 卫星 S^j 到 k 接收机的相位差为

$$
\Phi_k^j(t_k) = \varphi_k(t_i) - \varphi_k^j(t_i) + N_0^j + lnt(\varphi)
\tag{3-10}
$$

式（3-10）说明，从第一次开始，在以后的观测中，其观测量包括了相位差的小数部分和累计的整周数。

3.2.2   载波相位测量的观测方程

载波相位观测量是接收机（天线）和卫星位置的函数，只有得到了它们之间的函数关系，才能从观测量中求解接收机（或卫星）的位置。

设在 GPS 标准时刻 T_a（卫星钟面时刻 t_a），卫星 S^j 发射的载波信号相位为 $\varphi(t_a)$，经传播时延$\Delta\tau$后，在 GPS 标准时刻T_b（卫星钟面时刻t_b）到达接收机。根据电磁波传播原理，T_b时接收到的和T_a时发射的相位不变，即$\varphi^j(T_a) = \varphi^j(t_a)$，而在$T_b$时，接收机本振产生的载波相位为$\varphi(t_b)$，由式（3-9）可知，在$T_b$时，载波相位观测量为$\Phi = \varphi(t_b) - \varphi^j(t_a)$。

考虑到卫星钟差和接收机钟差，有$T_a = t_a + \delta t_a$，$T_b = t_b + \delta t_b$，则有

$$\Phi = \varphi(T_b - \delta t_b) - \varphi^j(T_a - \delta t_a) \tag{3-11}$$

对于卫星钟和接收机钟，其振荡器频率一般稳定良好，所以其信号的相位与频率的关系可表示为

$$\varphi(t + \Delta t) = \varphi(t) + f \cdot \Delta\tau \tag{3-12}$$

式中　f——信号频率；

　　　Δt——微小时间间隔；

设f^j——j卫星发射的载波频率，f_z为接收机本振产生的固定参考频率，且$f^j = f_z = f$，同时考虑到$T_a = T_a + \Delta\tau$，则有

$$\varphi(T_b) = \varphi_j(T_a) + f \cdot \Delta\tau \tag{3-13}$$

继而得出

$$\begin{aligned}\Phi &= \varphi(T_b) - f \cdot \delta t_a - \varphi_j(T_a) + f \cdot \Delta\tau \\ &= f \cdot \Delta\tau - f \cdot \delta t_b + f \cdot \delta t_a\end{aligned} \tag{3-14}$$

在传播时延$\Delta\tau$中考虑到电离层和对流层的影响$\delta\rho_1$和$\delta\rho_2$，则有

$$\Delta\tau = \frac{1}{c}(\rho - \delta\rho_1 - \delta\rho_2) \tag{3-15}$$

式中　c——电磁波传播速度；

　　　ρ——卫星至接收机之间的几何距离。

代入式（3-15）则有

$$\Phi = \frac{f}{c}(\rho - \delta\rho_1 - \delta\rho_2) + f \cdot \delta t_a - f \cdot \delta t_b \tag{3-16}$$

考虑到相位整周数$N_k^j = N_0^j + lnt(\varphi)$后，则有：

$$\Phi = \frac{f}{c}\rho + f \cdot \delta t_a - f \cdot \delta t_b - \frac{f}{c}\delta\rho_2 + N_k^j \tag{3-17}$$

式（3-17）即接收机k对卫星j的载波相位测量的观测方程。

3.3　差分 GPS 定位原理

差分技术很早就被人们所应用。如在相对定位中，在一个观测站上对两个观测

目标进行观测，对观测值进行求差；或在两个观测站上对同一个目标进行观测，对观测值进行求差；或在一个观测站上对一个目标进行两次观测求差。这么做的目的是消除存在的公共误差，提高定位精度。

差分 GPS 定位技术是一种实时定位技术。其定位需要使用两台或者两台以上的接收机，其中一台接收机通常固定在基站，其坐标已知（或假设已知），其他接收机固定或移动且坐标是待定的，基准站计算伪距改正和距离变化率改正，并实时传送给流动站接收机。流动站接收机利用这些改正修正伪距观测值并利用修正后的伪距完成单点定位，从而提高定位精度。

差分 GPS 可分为单基准站差分、具有多个基准站的局部区域差分和广域差分三种类型。

3.3.1　单基准站差分

单站差分按基准站发送的信息方式来分，可分为位置差分、伪距差分和载波相位差分三种，其工作原理大致相同。

1. 位置差分原理

设已知基准站的精度坐标为 (X_0, Y_0, Z_0)，通过安装在基准站上的 GPS 接收机对 4 颗卫星进行观测，便可以解算出基准站的坐标 (X, Y, Z)。由于存在轨道误差、时钟误差、SA 影响、大气影响、多路径效应及其他误差，解算出的坐标，与基准站的精密坐标存在着差异，按式（3-18）求出其坐标改正数，即

$$\begin{cases} \Delta X = X_0 - X \\ \Delta Y = Y_0 - Y \\ \Delta Z = Z_0 - Z \end{cases} \tag{3-18}$$

基准站用数据将这些改正数发送出去，用户接收机接收后即可对解算出的用户坐标 (X_p', Y_p', Z_p') 进行修正，其中 (X_p, Y_p, Z_p) 为经过改正后的坐标即

$$\begin{cases} X_p = X_p' + \Delta X \\ Y_p = Y_p' + \Delta Y \\ Z_p = Z_p' + \Delta Z \end{cases} \tag{3-19}$$

若顾及用户接收机位置改正值的瞬间变化，式（3-19）可进一步写为

$$\begin{cases} X_p = X_p' + \Delta X + \dfrac{d(\Delta X)}{dt}(t - t_0) \\ Y_p = Y_p' + \Delta Y + \dfrac{d(\Delta Y)}{dt}(t - t_0) \\ Z_p = Z_p' + \Delta Z + \dfrac{d(\Delta Z)}{dt}(t - t_0) \end{cases} \tag{3-20}$$

式中，t_0 为校正的有效时刻。

经过改正后的用户坐标就消除了基准站与用户共同的误差，例如，卫星轨道误差、SA 影响、大气影响等，提高了定位精度。

该方法的优点就是计算简单，适用于各种型号的 GPS 接收机。但是，这种方法要求基准站与用户站必须观测同一组卫星，这与近距离可以做到，但距离较长时很难满足。此外，随着基准站与用户站之间距离的增加，会出现系统误差，这是用任何差分方法都不能消除的。因此，位置差分只适用于基准站与用户站相距 100km 以内的情况。

2．伪距差分原理

伪距差分是目前用途最广的一种差分技术。在基准站上观测所有卫星，根据基准站已知坐标（X_0，Y_0，Z_0）和由星历数据计算得到的某一时刻各卫星的地心坐标（X^j，Y^j，Z^j），按式（3-21）求出每颗卫星在该时刻到基准站的真正距离 R^j，即

$$R^j = \sqrt{(X^j - X_0)^2 + (Y^j - Y_0)^2 + (Z^j - Z_0)^2} \tag{3-21}$$

设此时测得的伪距为 ρ_0^j，则伪距改正数为

$$\rho^j = R^j - \rho_0^j \tag{3-22}$$

其变化率为

$$\mathrm{d}\rho^j = \frac{\Delta \rho^j}{\Delta t} \tag{3-23}$$

基准站将 $\Delta\rho^j$ 和 $\mathrm{d}\rho^j$ 发送给用户，用户在测出的伪距 ρ^j 上加以改正，即可求出经改正后的伪距为

$$\rho_p^j = \rho^j(t) + \Delta\rho^j(t) + \mathrm{d}\rho^j(t - t_0) \tag{3-24}$$

只要观测 4 颗卫星，利用改正后的伪距 $\rho_p^j (j = 1，2，3，4)$ 就可按伪距观测方程计算用户站的坐标，即

$$\rho_p^j = \sqrt{(X^j - X_0)^2 + (Y^j - Y_0)^2 + (Z^j - Z_0)^2} + C \cdot \delta t + v \tag{3-25}$$

式中，δt 为钟差，v 为接收机噪声。

伪距差分有以下优点。

（1）由于计算的伪距修正数是直接在 WGS-84 坐标上进行的，即得到的是直接改正数，不变换为当地坐标，所以能达到很高的精度。

（2）这种改正数能提供 $\Delta\rho^j$ 和 $\mathrm{d}\rho^j$，所以在未得到改正数的空隙内能继续精密定位。这可满足 RTCMSC-104（国际海事无线电委员会）制定的标准。

（3）基准站能提供所有的卫星的改正数，而用户站只需要接收 4 颗卫星即可进行改正，无须与基准站接收相同的卫星数，因此用户站采用具有差分功能的建议接收机即可。

与位置差分相似，伪距差分能将两站间的公共误差抵消，但随着基准站与用户站之间距离的增加，系统误差将会明显增加，且这种误差采用任何差分方法都不能予以消除。因此，基准站与用户站之间的距离对伪距差分的精度有决定性的影响。

3. 载波相位差分

位置差分和伪距差分，能满足米级定位精度，已广泛应用于导航、水下测量等。而载波相位差分，可使实时三维定位精度达到厘米级。

载波相位差分技术又称为 RTK（Real Time Kinematic）技术，是实时处理两个测站载波相位观测量的差分方法。载波相位差分方法分为两类：一类是修正法，另一类是差分法。修正法是将基准站的载波相位修正值发送给用户，改正用户接收到的载波相位，再求解坐标。而差分法是将基准站采集的载波相位发送给用户，进行求差解算坐标。由此可见修正法属准 RTK，差分法才是真正的 RTK。将式（3-25）写成载波相位观测量形式即可得出相应的方程式，即

$$R_0^j + \lambda(N_{p0}^j - N_0^j) + \lambda(N_p^j - N^j) + \varphi_p^j - \varphi_0^j$$
$$= \sqrt{(X^j - X_p)^2 + (Y^j - Y_p)^2 + (Z^j - Z_p)^2} + \Delta dp \qquad (3\text{-}26)$$

式中　N_{p0}^j——用户接收机起始相位模糊度；

N_0^j——基准点接收机起始相位模糊度；

N_p^j——用户接收机起始历元至观测历元相位整周数；

N^j——基准点接收机起始历元至观测历元相位整周数；

φ_p^j——用户接收机测量相位的小数部分；

φ_0^j——基准点接收机测量相位的小数部分；

Δdp——同一观测历元各项残差；

其他符号同前。

RTK 技术可应用于海上精密定位、地形测图和地籍测绘。不过 RTK 技术同样受到基准站到用户距离的限制。为了解决这个问题，RTK 技术发展成局部区域差分和广域差分定位技术。通常把一般差分定位系统称为 DGPS，局部区域差分定位系统称为 LADGPS，广域差分系统称为 WADGPS。

单站差分 GPS 系统结构和算法简单，技术上较为成熟。主要用于小范围的差分定位工作。对于较大范围的区域，则应用局部区域差分技术；对于一国或几个国家范围的广大区域，则应用广域差分技术。

3.3.2　局部区域差分

在一个较大的区域建设多个基准站,已构成基准站网,其中常包含一个或多个监控站,位于该区域中的用户根据多个基准站多提供的改正信息进平差计算后求得用户站定位改正数,这种差分 GPS 定位系统称为具有多个基准站的局部区域 GPS 差分系统(LADGPS)。

区域 GPS 差分提供的改正量主要有以下两种方式。

(1)各基准站以一个标准的格式来发射各自改正信息,而用户接收机根据接收导弹额、各基准站的改正量,取其加权平均作为用户站的改正数。其中改正数的权可以根据用户站与基准站的相对位置来确定。这种方式,由于应用了多个高速的差分 GPS 数据流,所以要求多倍的通信带宽,效率较低。

(2)根据各基准站的分布,预先在网中构成以用户站与基准站的相对位置为函数的改正数的加权平均模型,并将其统一发送给用户。这种方式不需要增加通信带宽,是一种较为有效的方法。

区域 GPS 差分与单站 GPS 差分相比,其可靠性与精度都有所提高。但是由于数据处理是把各种误差的影响综合在一起进行改正的。而实际上不同误差对定位的影响特征是不同的,如星历误差对定位的影响是与用户站到基准站之间的距离成正比;而流层延迟误差则主要是取决于用户站与基准站的气象元素之间的差别,但是并不一定与距离成正比。因此将各种误差综合在一起,用一个统一的模式进行改正,就必然存在不合理的因素影响定位精度,且这种影响会随着用户站离基准站的距离增加而变大,导致差分定位的精度迅速下降。所以在区域 GPS 差分系统中,用户站不能距基准站太远,才能获得较好的精度。因而基准站必须保持一定的密度(间距小于 300km)和均匀度。当区域覆盖的面积很大时,所需基准站的数量将是十分惊人的。另外,在某些区域,例如,海洋、我国西部的高山区和沙漠区中,由于难以建立永久性的基准站而导致形成一些空白区。

3.3.3　广域差分

1. 广域差分 GPS 系统的基本思想

在一个相当大的区域中用相对较少的基准站组成差分 GPS 网,各基准站将求得的距离改正发送给数据处理中心,由数据处理中心统一处理,将各种 GPS 观测误差源加以区别,然后将计算出的每一误差源的数值,通过数据链传输给用户。这样一种系统称为广域差分 GPS 系统。

广域差分 GPS 对用户站的误差源改正，达到削弱这些误差源，改善用户 GPS 定位精度的目的。广域差分 GPS 系统主要对 3 种误差源加以分离，并单独对每一种误差源分别加以"模型化"。

（1）星历误差：广播星历是一种外推星历，精度不高，且其影响与基准站和用户站之间的距离成正比，是 GPS 定位的主要误差来源之一。广域差分 GPS 依赖区域中基准站对卫星的连续跟踪，对卫星进行区域精密定轨。确定精密星历，取代广播星历。

（2）大气延时误差（包括电离层延时和对流层延时）：普通差分 GPS 提供的综合改正值，包含基准站外的大气延时改正。当用户距离基准站很远，两地大气层的电子密度和水汽密度不同，对 GPS 信号的延时也不一样，使用基准站处的大气延时量来代替用户的大气延时必然引起误差。广域差分 GP 技术通过建立精确的区域大气延时模型，能够精确地计算出其作用区域内的人气延时量。

（3）卫星钟差误差：普通差分 GPS 利用广播星历提供的卫星钟差改正数，这种改正数仅近似反映了卫星钟与标准 GPS 时间的物理差异，残留的随机钟误差约有 ±30ns，等效伪距 ±9m。如果考虑 SA 政策中的 δ 的抖动，其对伪距的影响达近百米。广域差分 GPS 可以计算出卫星钟各时刻的精确钟差值。

2．广域差分 GPS 系统的工作流程

广域差分 GPS 系统就是为削弱这 3 种主要误差源而设计的一种工程系统。该系统一般由一个中心站，几个监测站及其相应的数据通信网络组成，另外，还有覆盖范围内的若干用户。根据系统的工作流程，可以分解为如下五个步骤。

（1）在已知坐标的若干监测站上，跟踪观测 GPS 卫星的伪距、相位等信息。

（2）将监测站上测得的伪距、相位和电离层延时的双频量测结果全部传输到中心站。

（3）中心站在区域精密定轨计算的基础上，计算出三项误差改正，即包括卫星星历误差改正，卫星钟差改正及电离层时间延迟改正模型。

（4）将这些误差改正用数据通信链传输到用户站。

（5）用户利用这些误差改正自己观测到的伪距、相位和星历等，计算出高精度的 GPS 定位结果。

3．广域差分 GPS 系统的工作流程

广域差分 GPS 提供给用户改正量，是每颗可见 GPS 卫星星历的改正量，时钟偏差修正量和电离层时延改正模型，其目的是最大限度地降低监测站与用户站之间

定位误差的时空相关性和对时空的强依赖性，改善和提高实时差分定位的精度。

与一般的差分 GPS 相比，广域差分 GPS 具有如下特点。

（1）中心站、监测站与用户站的站间距离从 100km 增加到 200km，定位精度不会出现明显的下降，即定位精度与用户与基准站（监测站）之间的距离无关。

（2）在大区域内建立广域差分 GPS 网比区域 GPS 网需要的监测站数量少，投资小，需要的监测站数量很少，投资自然减小，具有更大的经济效益。例如，在美国大陆的任意地方要达到 5m 的差分定位精度。使用区域差分 GPS 方式需要建立 500 个参考站，而使用广域差分 GPS 方式的监测站个数将小于 15 个，其间的经济效益可见一斑。

（3）广域差分 GPS 具有较均匀的精确分布，在所覆盖范围内，定位精度相差无几，而且定位精度比区域差分 GPS 系统高。

（4）广域差分 GPS 的覆盖区域可以扩展到区域差分 GPS 不易作用的地域，如海洋、沙漠、森林等。

（5）广域差分 GPS 系统使用的硬件设备及通信工具昂贵，软件技术复杂，运行和维持费用比区域差分 GPS 高得多，而且广域差分 GPS 系统的可靠性与安全性可能不如单个的区域差分 GPS 系统。

3.3.4　多基准站 RTK 技术

多基准站 RTK 技术又称为网络 RTK，这是对普通 RTK 方法的改进。RTK 系统是由一个基准站和若干个流动站、通信系统及相关软件组成的，如图 3-4 所示的 RTK 系统结构图所示。目前应用于网络 RTK 数据处理的方法有虚拟参考站法（Virtual Reference Station，VRS）、偏导数法、线性内插法和条件平差法，其中虚拟参考站 VRS 技术最为成熟。图 3-4 所示为 RTK 系统结构图。

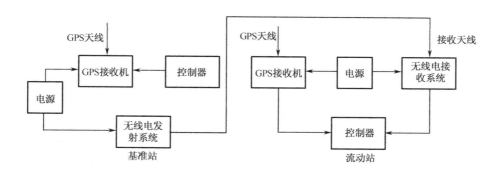

图 3-4　RTK 系统结构图

VRS 技术，全称为虚拟参考站技术。VRS 与常规 RTK 不同，在 VRS 网络中，各固定参考站不直接向移动用户发送任何改正信息，而是将所有的原始数据通过数据通信线发给控制中心。VRS 技术是利用布置在地面上的多个参考站组成 GPS 连续运行参考站（CORS）网络，综合利用各参考站的卫星观测数据，通过软件处理建立精确的误差模型来修正相关误差。同时，移动用户在工作前，先通过 GPRS 或 CDMA 等通信手段向数据控制中心发送一个概略坐标，数据控制中心收到这个位置信息后，根据用户位置，由计算机自动选择最佳的一组固定基础站，根据这些站发来的信息，整体地改正 GPS 的轨道误差、电离层、对流层和大气折射引起的误差，将高精度的差分信号发给流动站。这个差分信号的效果相当于在流动站旁边，生成一个虚拟的参考站基站，从而解决了 RTK 作业距离上的限制问题，并保证了用户的精度要求。

1. 多基准站 RTK 系统工作原理

如果在某一大区域内，均匀布设若干个（3 个以上）连续运行的 GPS 基准站，构成一个基准站网，根据这些 GPS 基准站的观测值，建立区域内 GPS 主要误差模型（如电离层、对流层、卫星轨道等误差模型），系统运行时，将这些误差从基准站的观测值中减去，形成"无误差"的观测值，然后利用这些无误差的观测值和移动站观测值，经过有效的组合，移动站（用户—GPS 接收机）将其概略坐标播发给控制中心；然后控制中心搜集周围基准站的数据进行网平差，算出移动站的虚拟观测值；又将这些观测值播发给移动站，从而实时算出移动站的精密坐标。

2. 多基准站 RTK 系统组成及功能

多基准站 RTK 系统由若干个连续运行的 GPS 基准站、计算中心、数据发布中心和移动站组成。

连续运行 GPS 基准站：连续进行 GPS 观测，并实时将观测值传输至计算中心。

计算中心：根据各 GPS 基准站的观测值，计算区域电离层、对流层和卫星轨道等误差模型，并实时将各基准站的观测值减去其误差改正，得出无误差观测值，再结合移动站的观测值，计算出在移动站附近的虚拟参考站的相位差分改正，并实时地传给数据发布中心。

数据发布中心：实时接收计算中心的相位差分改正信息，并实时发布。

移动站：接收数据发布中心发布的相位差分改正，结合自身 GPS 观测值，组成双差相位观测值，快速确定整周模糊度参数和位置信息，完成实时定位。

多基准站 RTK 系统发播的差分信息，可应用于广域差分 GPS 系统和区域差分

GPS 系统

3．多基准站 RTK 的技术优势

与常规 RTK 相比，多基准站 RTK 的优势有以下几点。

（1）扩大了移动站与基准站的作业距离（可达到 70km），且完全保证定位精度。

（2）常规 RTK 测量准确度 1cm+1ppm·D 中的 1ppm·D 的概念取消了，在控制的测区范围内始终可以达到 1～2cm 左右。

（3）对于长基线 GPS 网络，用户无须架设自己的基准站，费用大幅度降低。

（4）改进了 OTF 初始化时间，提高了作业效率。

（5）提高了定位的可靠性，确保了定位质量。

（6）可以进行实时定位，又可以进行事后差分处理。

（7）应用范围更广泛，可以满足各种控制测量，水运工程测量，疏浚定位，施工放样定位，变形观测，工程监控，船舶导航，生态环保，以及城市测量与城市规划等。

3.4　GPS 定位误差的来源及其影响

3.4.1　主要定位误差的分类

GPS 测量是通过地面接收设备接收卫星传送的信息来确定地面点的三维坐标。测量结果的误差主要来源于 GPS 卫星、卫星信号的传播过程和地面接收设备。在高精度的 GPS 测量中（如地球动力学研究），还应注意到与地球整体运动有关的地球潮汐、负荷潮及相对论效应等的影响。为了便于理解，通常将各种误差的影响投影到观测站至卫星的距离上，并以相应距离误差来表示，称为等效距离误差。表 3-1 给出了 GPS 测量的误差分类及各项误差对距离测量的影响。

表 3-1　主要误差来源及影响

主要误差来源		对距离测量的影响
卫星部分	（1）星历误差；（2）钟误差；（3）相对论效应	1.5～15（m）
信号传播	（1）电离层；（2）对流程；（3）多路径	1.5～15（m）
信号接收	（1）钟的误差；（2）位置误差；（3）天线相位中心变化	1.5～5（m）

上述误差，按误差性质可分为系统误差与偶然误差两类。偶然误差主要包括信号的多路径效应，系统误差主要包括卫星的星历误差、卫星钟差、接收机钟差及大

气折射的误差等。其中系统误差无论从误差的大小还是对定位结果的危害性讲都比偶然误差要大得多，它是 GPS 测量的主要误差源。

3.4.2　与卫星自身部分相关的误差

1．卫星星历误差

卫星星历误差是指由广播星历参数或其他轨道信息所给出的卫星位置与卫星的实际位置之差。由于卫星在运行中受到多种摄动力的复杂影响，单靠地面监测站难以精确可靠地测定这些作用力对卫星的作用规律，使得测定的卫星轨道会有误差。同时，监测系统的质量及用户得到的卫星星历并非是实时的。这些均会导致计算卫星位置产生误差。在一个观测时间段内，卫星星历误差是一种系统性误差，是精密相对定位的主要误差源之一，不可能通过多次重复观测来消除，它的存在将严重影响单点定位的准确度。

消除星历误差的主要方法有以下几种。

（1）建立卫星观测网独立定位法

建立 GPS 卫星跟踪网，进行独立定轨。这不仅可以使用户在非常时期内不受美国政府有意降低调制在 C/A 码上的卫星星历精度的影响，而且可以向实时动态定位用户提供无人为干扰的预报星历，向静态定位用户提供高精度的后处理星历。

（2）同步求差法

这一方法是根据星历误差对距离不太远（20km 以内）的两个观测站影响基本相同的特点，在两个或多个观测站上同步观测同一组卫星所得到观测量求差，以减弱新星历误差的影响。

（3）轨道松弛法

在平差模型中把卫星星历给出的卫星轨道作为初始值，视其改正数为未知数。通过平差同时求得测站位置及轨道的改正数，这种方法就称为轨道松弛法。

但是轨道松弛法也有一定的局限性，因此它不宜作为 GPS 定位中的一种基本方法，而只能作为无法获得精密星历情况下某些部门采取的补救措施或在特殊情况下采取的措施。

2．卫星钟误差

为了保证 GPS 卫星时钟的高准确度，卫星上均安装了高准确度的原子钟，但由于这些钟与 GPS 标准时之间存在频偏和频漂，仍不可避免地存在着误差。在 GPS 定位中的观测量均以精密测试为依据，无疑卫星钟的误差会对伪码测距和载波相位

测量产生误差。但是，卫星钟的偏差值可通过地面监控站对卫星的监测测得。该偏差值一般可用二项式来表示，即

$$\Delta t_s = a_0 + a_1(t - t_0) + a_2(t - t_0)^2 \qquad (3\text{-}27)$$

式中　t_0——卫星钟差参数的参考时刻；

　　　t——计算卫星钟差的时刻；

　　　a_0，a_1，a_2——卫星钟参数。

用二项式模拟卫星钟的钟差能保证卫星钟与标准 GPS 时间同步在 20ns 之内，由此引起的等效距离误差不超过 6m。若要进一步削弱卫星钟残差，可通过差分定位加以实现。

3．相对论效应的影响

相对论效应是由于卫星钟和接收机钟所处的状态（运动速度和重力位）不同而引起卫星钟和接收机钟之间产生相对钟误差的现象。在此将其归入与卫星有关的误差不完全正确。但是由于相对论效应主要取决于卫星的运动速度和重力位，并且是以卫星钟的误差这一形式出现的。所以我们将其归入此类误差。相对论效应有狭义与广义之分，在其综合影响下，卫星钟频率的变化应为

$$f_s = f \left[1 - \left(\frac{V_s}{C}\right)^2\right]^{1/2} \approx f\left(1 - \frac{V_s^2}{2C^2}\right) \qquad (3\text{-}28)$$

即 $\Delta f = f_s - f = -\frac{V_s^2}{2C^2} \cdot f$。

式中　V_s——卫星在惯性坐标系中运动的速度；

　　　f——同一台钟的频率；

　　　C——真空中的光速。

由于地球的运动和卫星轨道高度的变化，以及地球重力场的变化，经上述改正后仍有残差，它对 GPS 时钟的影响最大可达 70ns，对卫星钟速的影响可达 0.001ns/s，对于精密定位仍然不可忽略。

3.4.3　与信号传播相关的误差

1．电离层折射误差

地球上空距地面高度在 50～1000km 之间的大气层。电离层中的气体分子由于受到太阳等天体各种射线辐射，产生强烈的电离形成大量的自由电子和正离子。当 GPS 信号通过电离层时，如同其他电磁波一样，信号的路径会发生弯曲，传播速度也会发生变化。所以用信号的传播时间乘以真空中光速而得到的距离就会不等于卫

星至接收机间的几何距离，这种偏差称为电离层折射误差。这种误差在天顶方向最大可达 50m，在接近地平线方向时则可达 150m，电离层的影响必须加以改正，否则，会严重影响定位的准确度。

电离层引起的误差主要与信号传播路径上的电子总量有关，其影响大小由载波频率、观测方向的仰角、观测时电离层的活动状况等因素决定。电离层引起的测距误差可表示为

$$\Delta S = -C \frac{40.28}{f^2} \int_{S'} N_e ds \tag{3-29}$$

式中

$\int_{S'} N_e ds$——电磁波传播途径上的电子总量；

f——信号的频率（Hz）；

C——真空中的光速。

因此，对于给定的频率，电离层折射改正的关键在于准确求出传播路径上的电子总含量$\int_{S'} N_e ds$，电子总含量通常受电离层的高度、测站位置、太阳活动程度、电子含量的季节性变化等因素的影响。

减弱电离层影响的措施如下。

（1）利用电离层改正模型

对于单频接收机，为了减弱电离层的影响，一般采用导航电提供的电离层改正模型加以改正。该模型把白天的电离层时延看成是余弦波中的部分，而把晚上的电离层时延看成是一个常数。

（2）利用同步观测值求差

用两台接收机在基线的两端进行同步观测并取其观测量之差，可以减弱电离层折射的影响。这是因为当两观测站相距不太远时，由卫星到两观测站电磁波传播程上的大气状况非常相似，因此大气状况的系统影响便可通过同步观测量的求差而减弱。

这种方法对于短基线（如小于 20km）的效果尤为明显，这时经电离层折射改正后基线长度的残差一般为 1ppm。所以在 GPS 测量中，对于短距离的相对定位，使用单频接收机也可达到相当高的精度。不过，随着基线长度的增加，其精度随之明显降低。

（3）选择有利观测时段

由于电离层的影响与信号传播路径上的电子总数有关，因此，选择最佳观测时段（一般为晚上），这时大气不受太阳光的照射，大气中的离子数目减少，从而达到消弱电离层影响的目的。

2. 对流层折射误差

对流层为距地面高度 40km 以下的大气层，其质量约占整个大气层质量的 99%。电磁波在其中的传播速度与频率和波长无关，与大气的折射率和电磁波传播方向有关。由于对流层折射的影响，当天顶方向的对流层延迟约为 2.3m，而仰角为 10° 时，对流层延迟将增加至约 13m。目前采用的对流层折射改正模型有霍普菲尔德（Hopefield）膜模型、萨斯塔莫宁（Sastamoinen）模型、勃兰克（Black）模型及东京天文台的 Chao 模型。

减少对流层折射对电磁波延迟影响的措施主要有以下几个方面。

（1）采用对流层模型加以改正。其气象参数在测站直接测定。

（2）引入描述对流层影响的附加待估参数，在数据处理中一并求得。

（3）利用同步观测量求差。当两观测站相距不太远时（如小于 20km），由于信号通过对流层的路径相似，所以对同一卫星的同步观测值求差，可以明显地减弱对流层折射的影响。因此，这一方法在精密相对定位中，广泛被应用。但是，随着同步观测站之间距离的增大，求差法的有效性也将随之降低。当距离大于 100km 时，对流层折射的影响就制约 GPS 定位精度的提高。

（4）利用水汽辐射计直接测定信号传播的影响。此法求得的对流层折射湿分量的精度可优于 1cm。

3. 多路径误差

在 GPS 测量中，如果测站周围的反射物所反射的卫星信号（反射波）进入接收机天线，这就将和直接来自卫星的信号（直接波）产生干涉，从而使观测值偏离真值产生所谓的"多路径误差"。这种由于多路径的信号传播所引起的干涉时延效应称为多路径效应。多路径效应是 GPS 测量中一种重要的误差源，将严重损害 GPS 测量的精度，严重时还将引起信号的失锁。

多路径效应是一时空环境效应，具有周期性，要减弱或消除多路径效应的影响，可通过以下几个方法。

（1）选择较好的测站环境，避免有较强的反射面，如水面、光滑的地面及高层建筑物等。

（2）尽量选择能抑制多路径效应的天线，如带抑制板或抑制圈的天线。

（3）由于多路径误差的大小和符号会随着卫星高度角的变化而变化，在静态定位中可通过延长观测时间来减弱多路径效应的影响。

多路径效应对码观测值的影响可估，而其对载波相位观测值的影响则无法通过单个测站的原始观测值来估计，不过载波相位所受的影响远小于码观测值。有些场合我们可以通过点位选择来避免严重多路径效应影响，而有些则无法采取这种措施，如车载动态定位等。

3.4.4　与接收设备有关的误差

1．接收机时钟的误差

GPS 接收机一般采用高精度的石英钟，其稳定度约为 10^{-9}。若接收机钟与卫星钟间的同步差为 1μs，则由此引起的等效距离误差约为 300m。

减弱接收机钟差的方法如下。

（1）把每个观测时刻的接收机钟差当做一个独立的未知数，在数据处理中与观测站的位置参数一并求解。

（2）认为各观测时刻的接收机钟差间是相关的，将接收机钟误差表示为时间多项式，并在观测量的平差计算中求解多项式的系数位置误差。

（3）在精密相对定位中，通过在卫星间求一次差的方法，来消除接收机钟差。

（4）在高准确度 GPS 定位时，采用外接频标的方法，提高接收机时间标准的准确度。

2．接收机的位置误差

接收机天线相位中心相对测站标石中心位置的误差，称为接收机位置误差。这里包括天线的置平和对中误差，量取天线高误差。如当天线高度为 1.6m 时，置平误差为 0.1°时，可能会产生对中误差 3mm。因此，在精密定位时，必须仔细操作，以尽量减少这种误差的影响。

3．天线相位中心变化

在 GPS 测量中，观测值都是以接收机天线的相位中心位置为准的，而天线的相位中心与其几何中心，在理论上应保持一致。可是实际上天线的相位中心随着信号输入的强度和方向不同而有所变化，即观测时相位中心的瞬时位置（一般称为相位中心）与理论上的相位中心将有所不同，这种差别称为天线相位中心的位置偏差。这种偏差的影响，可达数毫米至数厘米。而如何减少相位中心的偏移是天线设计中的一个重要问题。

在实际工作中，如果使用同一类型的天线，在相距不远的两个或多个观测站上同步观测了同一组卫星，那么，便可以通过观测值的求差来削弱相位中心偏移的影响。不过，这时各观测站的天线应按天线附有的方位标进行定向，使之根据罗盘指向磁北极。通常定向偏差应保持在 3° 以内。

3.5 星历预报

3.5.1 GPS 卫星星历

Planning 卫星星历预报模块主要用于卫星的可见性预报；在 GPS 系统还没有完全投入运营状态时，在轨的 GPS 卫星颗数比较少，如果在进行静态观测前，必须对第二天卫星的可见性预报，查看哪一个时间段卫星颗数大于 4 颗，方能进行观测；而今，在轨卫星为 29 颗，在对空条件好的地方，任何时间都能可见 4 颗以上卫星，一般在 8 颗左右，所以下面简单介绍此模块的作用。

星历预报在数据处理软件中进行，可以查询不同的时间内，测区上空的卫星个数、卫星分布情况和 PDOP 值，为野外数据采集做质量的保证。

卫星星历是描述卫星运动轨道的信息。也可以说卫星星历就是一组对应某一时刻的轨道参数及其变化率参数。有了卫星星历就可以计算出任一时刻的卫星位置及其速度。GPS 卫星星历分为预报星历和后处理星历。

预报星历又称为广播星历。通常包括相对某一参考历元的开普勒轨道参数和必要的轨道摄动改正项参数。相应参考历元的卫星开普勒轨道参数又称为参考星历。参考星历只代表卫星在参考历元的轨道参数，但是在摄动力的影响下，卫星的实际轨道随后将偏离参考轨道。偏离的程度主要取决于观测历元与所选参考历元之间的时间差。如果用轨道参数的摄动项对已知的卫星参考星历加以改正，就可以外推出任一观测历元的卫星星历。广播星历参数的选择采用了开普勒轨道参数加调和项修正的方案，0 卫星的运动在二体运动的基础上加入了长期摄动和周期摄动。其中主要的周期摄动是周期约六小时的二阶带谐项引起的短周期摄动。

GPS 广播星历参数共有 16 个，其中包括 1 个参考时刻，6 个对应参考时刻的开普勒轨道参数和 9 个反映摄动力影响的参数。这些参数通过 GPS 卫星发射的含有轨道信息的导航电文传递给用户。

1. 历书预报

GPS 卫星的历书（Almanac）包含在导航电文的第四和第五子桢中，可以看做是卫星星历参数的简化子集。其每 12.5 分钟广播一次，寿命为一周，可延长至 6

个月。GPS 卫星历书用于计算任意时刻天空中任意卫星的概略位置。

　　GPS 接收机对卫星信号的搜索是一个"满天搜星"的过程，即要搜索天空中的所有卫星对应的伪随机码。如果预先有卫星历书，知道任意时刻所有卫星的概略位置，接收机就可以只复现本时刻天空中存在卫星的伪随机码进行搜索。这样可以使GPS 接收机在搜索卫星时做到有的放矢，缩短捕获卫星信号的时间。

　　通过历书计算出卫星的概略位置，就可以估算出卫星的概略 Doppler 频移，快速捕获卫星信号。

1．历书文件

　　表 3-2　介绍了一个历书（Almanac）数据中各变量含义。

表 3-2　历书数据含义

ID:	卫星的 PRN 号，范围为 1～31
Health:	卫星健康状况，零为信号可用，非零为信号不可用
Eccentricity:	轨道偏心率
Time of Applicability(s):	历书的基准时间
Orbital Inclination(rad):	轨道倾角
Rate of Right Ascen(r/s):	升交点赤经变化率
SQRT(A) （m 1/2):	轨道长半轴的平方根
Right Ascen at Week(rad):	升交点赤经
Argument of Perigee(rad):	近地点俯角
Mean Anom(rad):	平均近点角
Af0(s):	卫星时钟校正参数（钟差）
Af1(s/s):	卫星时钟校正参数（钟速）
Week:	GPS 周数

　　例如，2007 年 10 月 4 日下载的历书数据格式，如表 3-3 所示。

2．历书文件获取方法

　　（1）美国的 www.navcen.uscg.gov\ftp\gps\almanacs\yuma 网站可下载最新的星历预报文件，文件大小约为 17～18kB、名称为"Yuma*.txt"（文件名中的*代表数字）。

　　（2）也可以从网站（http://www.huacenav.com/almanacs）下载最新的星历文件（*.txt）保存到计算机中（适用于华测星历预报软件）。

　　（3）使用接收机到野外开阔地带实测 15～30min，然后将数据传输至计算机，再通过软件加载此实测数据即可实现预报效果。

表 3-3　历书数据格式

******** Week 423 almanac for PRN-03 ********	
ID:	3
Health:	000
Eccentricity:	0.9944438934E-002
Time of Applicability(s):	503808.0000
Orbital Inclination(rad):	0.9262866974
Rate of Right Ascen(r/s):	-0.8094502846E-008
SQRT(A)　(m 1/2):	5153.580566
Right Ascen at Week(rad):	0.2948677301E+001
Argument of Perigee(rad):	0.769724727
Mean Anom(rad):	0.1624740720E+001
Af0(s):	0.1258850098E-003
Af1(s/s):	0.3637978807E-011
Week:	423

3．实测星历预报

精确星历文件包含每个卫星在某确定时间周期内准确的位置数据和时钟校正，典型周期为一天。基线处理器使用该信息，去除广播星历误差后改进基线精确度。使用精确星历还可帮助基线处理器在长基线上获得固定解。精确星历文件可从美国国家测量测绘局（U.S. National Geodetic Survey）、欧洲轨道确定中心（Center for Orbit Determination in Europe (CODE)）、欧洲空间机构（European Space Agency）、NASA 喷气推进实验室（NASA Jet Propulsion Laboratory (JPL)）等组织获取。

另外，可以从国际 GPS 服务（1GS）上免费下载。IGS（International GPS Service）组织在全球有大概约 200 个连续运行站。它无偿向全球用户提供 GPS 各种信息，除了 IGS 站坐标及其运动速率、IGS 站所接收的 GPS 信号的相位和伪距数据、地球自转速率等，还提供 GPS 星历。IGS 所提供的 GPS 卫星星历分三种：预报星历（IGP）、快速星历（IGR）、精密星历（IGS），如表 3-4 所示。

表 3-4　IGS 所提供的 GPS 卫星星历

		预报星历(IGP)	快速星历(IGR)	精密星历(IGS)
星	时间	实时	1～2 天后	10～12 天后
历	精度	50 cm	10 cm	5 cm

3.5.2　TGO 星历预报

典型安装 TGO 后，星历预报模块也自动安装。执行下拉菜单"功能/planning"命令，弹出 planning 程序界面。

1．测站编辑

单击 按钮，打开"测站编辑"器对话框。在测站名列表区输入新站名并输入位置参数，单击"确定"。位置信息会根据列表自动更新。再设置其他 Planning 参数（如障碍、高度截止角、时间区间等）。单击"应用"按钮添加新测站至内部列表。图 3-5 所示为测站编辑。

图 3-5　"测站编辑器"对话框

2．历书预报

导入星历文件 Yuma249.txt。图 3-6 所示为导入历书。

图 3-6　导入历书

查看 PDOP 变化图、天空图、卫星数三项预报结果，并将其复制到 Word 文档中，作为星历预报的成果输出。图 3-7 所示为 PDOP 变化图、星空图、卫星数。

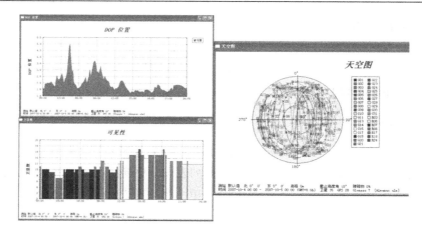

图 3-7　PDOP 变化图、天空图、卫星数

3．实测预报

使用接收机到野外开阔地带实测 15～30min，然后将数据传输至计算机，如图 3-8 所示，导入该数据文件"29121380.EPH"。其余的操作同历书预报。

图 3-8　上传野外实测数据

3.6　GPS 静态定位外业观测

3.6.1　GPS 布网原则与设计

（1）GPS 网应根据测区实际需要和交通状况进行设计，GPS 网的点与点间不要求通视，但应考虑常规测量方法加密时的应用，每点应有一个以上的通视方向。

（2）在布网设计中应顾及原有城市测绘成果资料，以及各种大比例尺地形图的沿用，宜采用原有城市坐标系统，对凡符合 GPS 网布点要求的旧有控制点，应充分利用其标石。

（3）GPS 网应由一个或若干个独立观测环构成，也可采用附合线路形式构成，各等级 GPS 网中每个闭合环或附合线路中的边数应符合规范的规定。

（4）为求定 GPS 点在地面坐标系的坐标，应在地面坐标系中选定起算数据和联测原有地方控制点若干个，也可以根据实际需要取定。大、中城市的 GPS 网应与国家控制网相互联接和转换，并应与附近的国家控制点联测，联测点数不应少于 3 个，小城市或工程控制网可联测 2～3 个点。

（5）为了求得 GPS 网点的正常高，应进行水准测量的高程联测，并应按下列要求实施。

①高程联测应采用不低于四等水准测量或与其精度相当的方法进行。

②平原地区，高程联测点不宜少于 5 个点，并应均匀分布于网中。

③丘陵或山地，高程联测点应按测区地形特征，适当增加高程联测点，其点数不宜少于 10 个点。

④GPS 点高程（正常高）经计算分析后符合精度要求的可供测图或一般工程测量使用。

3.6.2　GPS 网的布设与实施

根据用户的需求，静态网的布设通常情况下有三种方式如下所示。

（1）点连式，如图 3-9 所示，这种连结方式的特点是图形结构的强度较弱，但工作效率较快。

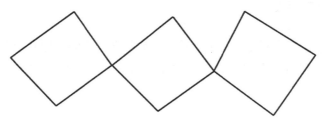

图 3-9　点连式

（2）边连式，如图 3-10 所示，这种连结方式的特点是图形结构的强度较强，但工作效率较慢。

（3）混连式，如图 3-11 所示，既有点连又有边连，它综合了 3 点连和边连的优缺点。

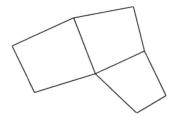
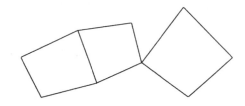

图 3-10　边连式　　　　　　　　　图 3-11　混连式

3.6.3　GPS 选点要求

GPS 选点应符合下列要求。

（1）点位的选择应符合技术设计要求，并有利于其他测量手段进行扩展与联测。

（2）点位的基础应坚实稳定，易于长期保存，并应利于安全作业。

（3）点位应便于安置接收机设备和操作，视野应开阔，被测卫星的地平高度角大于 15°。

（4）点位应远离大功率无线电发射源（如电视台、微波站等），其距离不行小于 200m，并应远离高压输电线，其距离不得小于 50m。

（5）附近不应有强烈干扰接收机卫星信号的物体。

（6）交通应便于作业。

（7）应充分利用符合上述要求的旧有控制点及其标石和觇标。

3.6.4　GPS 点的点名

GPS 点的点名可取村名、山名、地名、单位名，应向当地政府部门或群众进行调查后确定，当利用原有旧点时，点名不更改，点号编排（码）应适用于计算机计算。

小结

本章主要介绍 GPS 定位的基本原理，主要有两种基本的定位方法伪距测量和载波相位测量。还介绍了 GPS 定位的观测量、观测方程的构成与解算步骤，以及各种误差对计算结果的影响。GPS 的观测量和观测方程是进行数据处理，获取定位结果的依据。另外，在计算的过程中还需要充分考虑各种误差造成的影响，以保障计算结果的精度。

第4章 北斗定位基本原理及误差分析

    无论是美国的 GPS 系统、俄罗斯的 GLONASS 系统，还是正在建设的 Galileo 系统都是采用的一种被动式导航定位的方法。即用户不能发射信号，仅接收卫星发射的信号，由用户完成对信号的处理及定位，是一种无源定位导航系统。无源定位系统的优点是用户自身的保密性好，且用户数量不受限制；存在的问题是用户之间、用户与地面系统之间无法进行通信。

    相对于卫星无源定位导航系统，还存在一种有源导航系统，即主动式导航定位。通过有源导航系统，用户可以将接收的卫星信号发送给地面中心站，由中心站解算出用户的位置，再以通信方式告知用户。这种定位方式，除了具有导航定位功能之外，还可以进行通信，它弥补了无源定位方式存在的不足之处。目前美国的 Geostar 系统、欧洲的 Locstar 系统都属于有源导航定位通信系统。

    我国为了满足国民经济和国防建设的需要，特别是为了克服对美国 GPS 的过度依赖，根据我国的国情，陈芳允院士于 1983 年提出了建设自己的双静止卫星导航定位系统的设想，经过十几年的研究和发展，于 2000 年 10 月和 12 月分别成功发射了两颗北斗导航定位卫星，并于 2003 年 5 月发射了第三颗北斗导航定位卫星。标志着我国已拥有了自主完善的第一代卫星导航定位系统。第一代北斗导航定位系统就是一个有源导航定位通信系统。2004 年，我国启动了北斗卫星导航系统工程建设，2007 年 4 月发射了第一颗中圆地球轨道卫星。至 2012 年年底，我国已成功发射了 16 颗北斗导航卫星，完成了北斗二代卫星导航系统的建设。北斗二代卫星导航系统保留了第一代北斗导航定位系统的通信功能，定位时采用无源，通信时采用有源。

4.1 北斗导航定位系统

4.1.1 "北斗一号"简介

北斗卫星导航定位系统,是中国自行研制开发的区域性有源三维卫星定位与通信系统(CNSS),是继美国的全球定位系统(GPS)、俄罗斯的 GLONASS 之后第三个成熟的卫星导航系统。该系统由三颗(两颗工作卫星(80°E 和 140°E)、一颗备用卫星)北斗定位卫星(北斗一号)、地面控制中心、北斗用户终端三部分组成。其工作频率为 2491.75MHz,系统能容纳的用户数为每小时 540000 户。具有卫星数量少、投资小、用户设备简单价廉、能实现一定区域的导航定位、通信等多用途。北斗卫星导航定位系统可向用户提供全天候、二十四小时的即时定位服务,定位精度可达数十纳秒的同步精度,其精度与 GPS 相当,可满足当前中国陆、海、空运输导航定位的需求。

4.1.2 "北斗二代"简介

北斗卫星导航系统空间段由 5 颗静止轨道卫星和 30 颗非静止轨道卫星组成,提供两种服务方式,即开放服务和授权服务。开放服务是在服务区免费提供定位、测速和授时服务,定位精度为 10m,授时精度为 50ns,测速精度为 0.2m/s。授权服务是向授权用户提供更安全的定位、测速、授时和通信服务信息。

地面运控系统由主控站、注入站和监测站等若干个地面站构成;用户端由北斗用户终端和 GPS、GLONASS、伽利略其他导航系统兼容的终端组成。

用户应用系统包括所有服务于陆、海、空、天等不同用户、不同性能的各种用户设备,主要任务是接收卫星发射的导航信号,实现用户的导航定位、定时、测速和报文通信。

第二代北斗卫星导航系统的基本工作原理:在空间段卫星接收地面运控系统上行注入的导航电文及参数,并且连续向地面用户发送卫星导航信号,用户接收到至少 4 颗卫星信号后,进行伪距测量和定位解算,最后得到定位结果。同时为了保持地面运控系统各站之间时间同步,以及地面站与卫星之间时间同步,通过站间和星地时间比对观测与处理完成地面站间和卫星与地面站间时间同步。分布在国内的监测站负责对其可视范围内的卫星进行监测,采集各类观测数据后将其发送至主控站,由主控站完成卫星轨道精密确定及其他导航参数的确定、广域差分信息和完好性信息处理,形成上行注入的导航电文及参数。

第二代北斗导航系统作为覆盖全球的卫星导航系统,其服务区比北斗导航试验系统扩大了很多,具有连续实时三维定位测速能力,授权服务在增强服务的基础上,进一步提供 RDSS 功能和信号功率增强服务。

目前,卫星导航定位的应用范围和行业不断扩展,全国卫星导航应用市场规模以每两年翻一番的速度快速增长。卫星导航定位技术已广泛应用于交通运输、基础测绘、工程勘测、资源调查、地震监测、气象探测和海洋勘测等领域。

4.2　双星定位通信系统

美国科学家于 1982 年提出了双星导航定位概念。双星导航定位可以用较低的费用、在较短的时间建成一个用于区域导航定位的系统。据估计,双星定位可使定位精度达到 10m 以内。而且这种方法还能将导航、定位和通信三者结合起来,因而大大扩大了应用领域。利用双星体制只能进行区域导航定位,但也能覆盖整个中国和东南亚地区,而且也能扩展到进行全球定位。中国研制部署的北斗导航卫星就是"双星定位"的一种。

4.2.1　系统构成

双星定位导航系统是一个区域性的卫星导航定位系统,该系统由两颗地球静止卫星、一颗在轨备份卫星、中心控制系统、标校系统和各类用户机等部分组成,如图 4-1 所示。

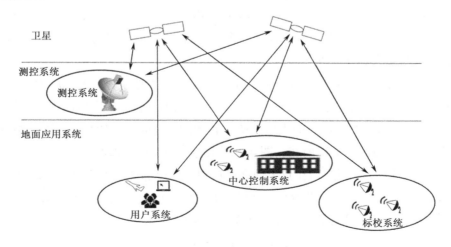

图 4-1　双星导航定位系统组成示意图

4.2.2 双星定位的基本原理

双星导航定位系统采用双星定位体制，系统中用户的点位是利用卫星位置、用户至卫星的斜距，以及用户的大地高计算出来的，如何由卫星位置、两条斜距和大地高计算用户的位置就是系统的定位原理问题。

系统定位的几何原理：以卫星为球心，以卫星至测站（用户）的斜距为半径，可以作两个大球，在满足一定条件下，两大球面相交形成交线圆，并穿过赤道面，在地球的南半球和北半球各有一个交点，其中一个交点就是用户的点位，在已知用户大地高时，可唯一确定用户的位置。根据系统定位的几何原理和几何分析，要唯一确定用户的点位必须满足以下 3 个条件。

（1）两卫星间的弦长必须小于两斜距之和，即两卫星间的最大夹角不得超过 162°。否则以卫星至用户的斜距为半径的两个大球不能形成交线圆。当两卫星的弧距为 60° 时，几何精度最好。

（2）交线圆必须与用户水平面相交，否则产生同步卫星定位的"模糊区"。

（3）必须已知用户点的大地高。

系统定位的代数原理是指如何利用已知的卫星位置、观测站应答询问信号之后的观测量与测站点位坐标之间的函数关系，进行测站（用户）的位置解算。

一个测站应答询问信号之后可得两个观测量方程，即

$$\begin{cases} G_1 = \Phi_1(x_s, x_u) \\ G_2 = \Phi_2(x_s, x_u) \end{cases} \tag{4-1}$$

式中，x_s 和 x_u 分别为卫星坐标矢量和测站（用户）坐标矢量。用户坐标是空间三维坐标，方程组（4-1）的两个方程含三个未知数，若能给出用户的第三维坐标，用户的其余两维坐标便能唯一确定。

用户坐标可以是地固直角坐标（X，Y，Z）或大地坐标（λ，φ，H），日常生活中多用大地坐标表示点位。利用式（4-1）可以得到含大地高度的大地经纬度 λ 和 φ 的表达式，只有给定用户的大地高 H，才能求出 λ 和 φ 的具体数值，这就是双星定位需要知道大地高的道理所在。图 4-2 所示为系统定位原理图。

如图 4-2 所示，用户所在点大地高是用户点纬度卯酉圈曲率半径 $N = N_e + H$ 沿法线的延长线。N 与用户坐标和参考椭球有一定的函数关系，可以看出是用户对法线与短轴交点 O' 的观测量，则可以组成一个观测方程，即

$$G_3 = \Phi_3(x_{O'}, x_u) \tag{4-2}$$

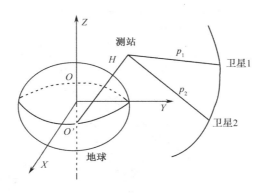

图 4-2　系统定位原理图

式中，$x_{O'}$ 为过用户的法线与短轴交点 O' 的坐标矢量，其值为

$$x_{O'} = [0,0,-N_e sinL]^T \qquad (4\text{-}3)$$

这样，在给定用户大地高 H 时，式（4-1）与式（4-2）联立，得到三个观测方程，便可解算出用户的三维坐标。实际工作中用户大地高 H 由地面中心的数字化地形图或用户携带的气压测高仪提供。

关于双星系统定位原理，更具体的表述为定位采用三球交会测量原理。地面中心通过两颗卫星向用户广播询问信号（出站信号），根据用户响应的应答信号（入站信号）测量并计算出用户到两颗卫星的距离；然后根据中心存储的数字地图或用户自带测高仪测出的高程，算出用户到地心的距离，根据这三个距离就可以确定用户的位置，并通过出站信号将定位结果告知用户。授时和报文通信功能也在这种出、入站信号的传输过程中同时实现。

4.2.3　双星定位的基本工作过程

首先由地面中心向卫星 1 和卫星 2 同时发送出站询问信号（C 波段）；两颗工作卫星接收后，经卫星上的出站转发器变频放大后，向服务区内的用户广播（S 波段）；用户响应其中一颗卫星的询问信号，并同时向两颗卫星发送入站响应信号（用户的申请服务内容包含在内，L 波段），经卫星转发回地面中心（C 波段）；地面中心接收解调用户发送的信号，分别测量出用户所在点至两颗卫星的距离和，然后根据用户的申请服务内容进行相应的数据处理。系统的信息流程图如图 4-3 所示。

对定位申请：根据测量出的两个距离和，加之从存储在计算机内的数字地图中查寻到的用户高程值（或由用户携带的气压测高仪提供），计算出用户所在点的坐标位置，然后置入出站信号中发送给用户，用户收此信号后便可知自己的坐标位置。

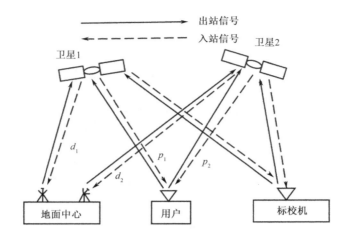

图 4-3　北斗卫星导航系统信息流程图

对通信申请：地面中心根据通信地址将通信内容置入出站信号发给相应用户。

系统采用广域差分定位方法，利用标校机的观测信息，确定服务区内电离层、对流层及卫星轨道位置误差等校准参数，从而为用户提供更高精度的定位服务。

4.3　双星定位的定位解算方法

系统的定位方法是地面中心在接收到测站(用户)收发机应答信号之后组成观测量，进行测站点位置计算的方法。系统的定位方法有单点定位法、差分定位法和时差图定位法。单点定法和差分定位法是最常用的两种定位方法。时差图定位法是提供高精度相对定位服务的计算方法。

4.3.1　单点定位法

单点定位法是仅由一个观测站应答询问信号之后所得的两个观测量和测站所在点的大地高计算测站位置的方法。单点定位的典型计算方法有代入法、相似椭圆法、三边交会法和近似椭球法。

1.　高程代入法

如图 4-3 所示，设地面中心站至卫星的距离分别为 d_1 和 d_2，测站到卫星的距离分别为 ρ_1 和 ρ_2，相应的距离为 G_1 和 G_2，观测方程为

$$\begin{cases} G_1 = 2(d_1 + \rho_2) \\ G_2 = d_1 + d_1 + \rho_1 + \rho_2 \end{cases} \tag{4-4}$$

设卫星 1、卫星 2 和地面中心站的地固直角坐标（地固坐标系即地球坐标系，x 轴通过零经度线）分别为 $(x_{s1},\ y_{s1},\ z_{s1})$，$(x_{s2},\ y_{s2},\ z_{s2})$，$(x_{s3},\ y_{s3},\ z_{s3})$，测站的地固直角坐标为 $(x,\ y,\ z)$，则 d_i 和 $\rho_i (i=1,2)$ 的表达式为

$$\begin{cases} d_i = \sqrt{(x_{si} - x_0)^2 + (y_{si} - y_0)^2 + (z_{si} - z_0)^2} \\ \rho_i = \sqrt{(x_{si} - x)^2 + (y_{si} - y)^2 + (z_{si} - z)^2} \end{cases} \tag{4-5}$$

在 ρ_1、ρ_2 两个方程中，两个方程，三个未知数，必须另外得到一个方程。当预先知道测站点的大地高，两个方程中只剩下两个未知数，应用解二元一次方程的一般方法，可逐步求出未知数。由式（4-4）和式（4-5）可以得出

$$\begin{cases} ax + by = M \\ y = \dfrac{M}{b} - \dfrac{a}{b}x \end{cases} \tag{4-6}$$

式中，$a = x_{s2} - x_{s1}$，$\mathrm{b} = y_{s2} - y_{s1}$；$M = \frac{1}{2}P - zc, c = z_{s2} - z_{s1}$；$P = (s_1 - s_2)(s_1 + s_2) + a(x_{s1} + x_{s2}) + b(y_{s1} + y_{s2}) + c(z_{s1} + z_{s2})$；$s_1 = \frac{1}{2}G_1 - d_1$，$s_2 = G_2 - \frac{1}{2}G_1 - d_2$；$z = (N_e + H - e^2 N_e)\sin\varphi$；$N_e = \frac{a_e}{\sqrt{1 - e^2 \sin^2\varphi}}$；

式中

N_e——测站点卯酉圈曲率半径；

a_e——参考椭球赤道半径；

e——参考椭球偏心率；

φ——测站点纬度；

H——测站点大地高。

由 H 和 φ 可以直接算出测站直接坐标，经过对比可以看出 s_1 和 s_2 就是 ρ_1 和 ρ_2，将式（4-6）代入 $\rho_1 = \sqrt{(x_{s1} - x)^2 + (y_{s1} - y)^2 + (z_{s1} - z)^2}$ 可得

$$\lambda_0 x^2 + \lambda_1 x + \lambda_2 = 0 \tag{4-7}$$

式中 $\lambda_0 = 1 + \left(\frac{a}{b}\right)^2$；$\lambda_1 = 2\left(\frac{a}{b}y_{s1} - x_{s1} - \frac{a}{b^2}M\right)$；$\lambda_2 = \left(\frac{M}{b}\right)^2 - \frac{M}{b}y_{s1} + x_{s1}^2 + y_{s1}^2 + (z - z_{s1})^2 - s_1^2$；

由式（4-7）解出 x。由于是一元二次方程，有两个根，根据测站的概略坐标，容易判断是真根还是增根。再由式（4-6）解出 y。由于计算测站 z 值使用的是测站概略纬度，必须迭代计算。由

$$\begin{cases} \tan\gamma = \dfrac{y}{x} \\ \cos\varphi = \dfrac{x}{(N_e + H)\cos\gamma} \end{cases} \tag{4-8}$$

计算纬度，再计算直角坐标 z，再由

$$\begin{cases} y = \dfrac{M}{b} - \dfrac{a}{b}x \\ \lambda_0 x^2 + \lambda_1 x + \lambda_2 = 0 \end{cases} \tag{4-9}$$

求出 x、y，一直迭代下去，直到满足精度要求。

2. 相似椭球法

设想测站位于地球的相似椭球上。所谓地球的相似椭球，就是指中心重合、三轴平行、偏心率相等的椭球。测站的两条观测边和过该站的相似椭球面可组成三个方程，从而可解出测站的三维空间坐标，如图4-4所示。

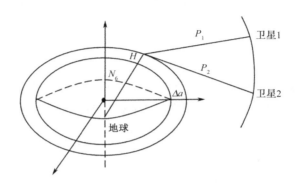

图 4-4　相似椭球法

测站在相似椭球面上，其坐标满足

$$\frac{x^2 + y^2}{a^2} + \frac{z^2}{b^2} = 1 \tag{4-10}$$

设相似椭球的长短半径 a, b 和卯酉圈曲率半径 N 与地球的对应项 a_e, b_e, N_e 有如下关系，即

$$a = a_e + \Delta a, b = b_e + \Delta b, N = N_e + H \tag{4-11}$$

由相似椭球可以推出

$$\frac{\Delta a}{a} = \frac{\Delta b}{b} = \frac{H}{N} \tag{4-12}$$

于是由式（4-11）可以推出

$$(1 - e^2)(x^2 + y^2) + z^2 = \left(b_e + \frac{b_e}{N_e}H \right)^2 \tag{4-13}$$

因而相似椭球法的观测方程为

$$\begin{cases} G_1 = 2(d_1 + \rho_1) \\ G_2 = d_1 + d_2 + \rho_1 + \rho_2 \\ G_3 = H + N_e = \dfrac{N_e}{b_e}\sqrt{(1 - e^2)(x^2 + y^2) + z^2} \end{cases} \tag{4-14}$$

引入以下记号：

$g = (G_1, G_2, G_3)$为观测值矢量；

$r = (x, y, z)$为用户坐标矢量；

$r_0 = (x_0, y_0, z_0)$用户近似坐标矢量；

$r_1 = (x_{s1}, y_{s1}, z_{s1})$为卫星 1 坐标矢量；

$r_1 = (x_{s2}, y_{s2}, z_{s2})$为卫星 2 坐标矢量；

$r_3 = (x_3, y_3, z_3)$为地面中心坐标矢量；

$\Delta r = (x - x_0, y - y_0, z - z_0)$为坐标改正数矢量；

$f(r, r_1, r_2, r_3) = \begin{bmatrix} f_1(r, r_1, r_2, r_3) \\ f_2(r, r_1, r_2, r_3) \\ f_3(r, r_1, r_2, r_3) \end{bmatrix}$为观测方程右方程。

此时观测方程可以改写为

$$\begin{cases} G_1 = 2\sqrt{(x_{s1} - x)^2 + (y_{s1} - y)^2 + (z_{s1} - z)^2} + 2d_1 \\ G_2 = \sqrt{(x_{s1} - x)^2 + (y_{s1} - y)^2 + (z_{s1} - z)^2} + \\ \quad \sqrt{(x_{s2} - x)^2 + (y_{s2} - y)^2 + (z_{s2} - z)} + 2d_1 + 2d_2 \\ G_3 = H + N_e = \dfrac{N_e}{b_e}\sqrt{(1 - e^2)(x^2 + y^2) + z^2} \end{cases} \tag{4-15}$$

式（4-14）为非线性方程组，使用线性化方法在用户近似坐标处展开并写成矩阵形式，即

$$\begin{bmatrix} \frac{\partial f_1}{\partial x} & \frac{\partial f_1}{\partial y} & \frac{\partial f_1}{\partial z} \\ \frac{\partial f_2}{\partial x} & \frac{\partial f_2}{\partial y} & \frac{\partial f_2}{\partial z} \\ \frac{\partial f_3}{\partial x} & \frac{\partial f_3}{\partial y} & \frac{\partial f_3}{\partial z} \end{bmatrix} \begin{bmatrix} \Delta x \\ \Delta y \\ \Delta z \end{bmatrix} = \begin{bmatrix} G_1 - f_1(r, r_1, r_2, r_3) \\ G_2 - f_2(r, r_1, r_2, r_3) \\ G_3 - f_3(r, r_1, r_2, r_3) \end{bmatrix} \tag{4-16}$$

设式（4-15）的系数矩阵为

$$A = \left(\frac{\partial f}{\partial r}\right) = \left(\frac{\partial f}{\partial x}, \frac{\partial f}{\partial y}, \frac{\partial f}{\partial z}\right) \tag{4-17}$$

对式（4-16）求导化简得

$$\boldsymbol{A} = \begin{bmatrix} \dfrac{2(x_{s1} - x_0)}{\rho_1} & \dfrac{2(y_{s1} - y_0)}{\rho_1} & \dfrac{2(z_{s1} - z_0)}{\rho_1} \\ \dfrac{(x_{s1} - x_0)}{\rho_1} + \dfrac{(x_{s2} - x_0)}{\rho_2} & \dfrac{(y_{s1} - y_0)}{\rho_1} + \dfrac{(y_{s2} - y_0)}{\rho_2} & \dfrac{(z_{s1} - z_0)}{\rho_1} + \dfrac{(z_{s2} - z_0)}{\rho_2} \\ \dfrac{x_0}{N_e + H} & \dfrac{y_0}{N_e + H} & \dfrac{z_0}{N_e + H} \end{bmatrix} \tag{4-18}$$

式中，

$$\rho_1 = \sqrt{(x_{s1} - x)^2 + (y_{s1} - y)^2 + (z_{s1} - z)^2}$$
$$\rho_2 = \sqrt{(x_{s2} - x)^2 + (y_{s2} - y)^2 + (z_{s2} - z)^2}$$

最后通过求逆解得用户坐标改正数向量为

$$\Delta r = A^{-1}[g - f(r, r_1, r_2, r_3)] \tag{4-19}$$

具体计算时可由先给出的用户近似坐标（r, y）查询或计算H或N_e的值，然后

再用计算出的较精确的经纬度迭代查询H和重新计算N_e的值。

3. 三边交会法

设想测站位于三条边ρ_1，ρ_2，ρ_3的交点上，在已知三边长度和三点坐标的情况下，便可交会出测站的三维坐标，如图4-5所示。

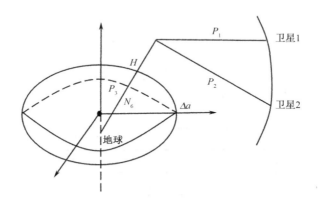

图4-5　三点交会法示意图

地球同步卫星1和卫星2的位置已知，ρ_1，ρ_2是观测边长，而$\rho_3 = N_e + H$，ρ_3的起始点o'的地固直角坐标为式（4-20），即

$$\begin{cases} x_{o'} = 0 \\ y_{o'} = 0 \\ z_{o'} = -N_e e^2 \sin\varphi \end{cases} \tag{4-20}$$

因而相似椭球法的观测方程如公式4-21所示：

$$\begin{cases} G_1 = 2\,(d_1 + \rho_1) \\ G_2 = d_1 + \rho_1 + d_2 + \rho_2 \\ G_3 = H = \sqrt{x^2 + y^2 + (z + N_e e^2 \sin\varphi)^2} - N_e \end{cases} \tag{4-21}$$

同样对式（4-21）进行线性化求解，可得测站的三维坐标。

由于观测方程中用到的N_e和$\sin\varphi$是概值，所以需要迭代计算，迭代方法与相似椭球法中所述相同。

4.3.2　差分定位法

差分定位是指利用用户机和定位标校机在同一时刻获得的测距信息进行差分处理，为用户提供高精度的定位数据。差分定位的计算方法有两种：位置改正法和边长改正法。这两种方法分别来自于两种假设。

1. 位置改正法

位置改正法的基本思想：假设标校机和用户机在准同步的时间内，位置的观测矢量和实际矢量之差相等，即

$$r_u - r_u' = r_a - r_a' \qquad (4\text{-}22)$$

式中

r_u，r_a——用户机与标校机的实际位置矢量；

r_u'，r_a'——对应的观测位置矢量。

设标校机的精确坐标为$(x_a，y_a，z_a)$，在标校机测出用户的坐标为$(x，y，z)$，则

$$\begin{cases} \Delta x = x_a - x \\ \Delta y = y_a - y \\ \Delta z = z_a - z \end{cases} \qquad (4\text{-}23)$$

用户接收机在解算时加入式（4-22）的位置改正数得

$$\begin{cases} x_u = x_u' + \Delta x \\ y_u = y_u' + \Delta y \\ z_u = z_u' + \Delta z \end{cases} \qquad (4\text{-}24)$$

在式（4-23）中，$(x_u'，y_u'，z_u')$为用户接收机自身观测结果，$(x_u，y_u，z_u)$为经过改正后的坐标。这种通过对位置进行修正或补偿的差分方法称为位置改正法，也称为位置补偿法，即观测点的位置等于观测位置与改正位置之和，改正位置是标校机的已知值与计算值之差。

位置改正法的实现过程如下。

（1）按单点定位法分别计算观测站与标校站的点位；

（2）计算标校站的已知值与计算值之差；

（3）将差值加到观测站的计算点位上，从而得到差分改正的观测站坐标。

2. 边长改正法

伪距差分法的基本思想：假设标校机和用户机在准同步的时间内，对卫星的观测边长与实际边长之差相等，即

$$\rho_u - \rho_u' = \rho_a - \rho_a' \qquad (4\text{-}25)$$

式中

ρ_u，ρ_a——用户机与标校机的实际边长；

ρ_u'，ρ_a'——对应的观测边长。

用户观测点至卫星的实际边长为

$$\rho_u = \rho_u' + (\rho_a - \rho_a') \qquad (4\text{-}26)$$

这种差分计算方法称为边长改正法（或伪距差法），即测站点实际边长等于观测边长与改正边长之和。

4.4　北斗系统定位误差分析

同步卫星定位系统的主要误差来源有卫星位置误差、大气传播延迟修正残差、转发延迟误差、高程误差和用户级测距误差等。这些误差的大小受到测站、卫星、控制中心的相对几何结构的影响。

1．用户机测距误差

（1）地面中心接到用户应答信号并进行相关处理取得总传播延迟的测定误差，当码频率为 4MHz 时，相关处理的等效距离误差为 3～5m。

（2）用户机接收询问信号后发送应答信号的时间延迟，分为系统性延迟和随机性延迟。系统性延迟指应答延迟中不变的成分，可根据出厂时的检定值按常差加以修正。随机延迟是经检定后的残差，随时间不断变化，包括检定误差和检定后的变化部分。引起导航定位误差的主要因素是随机延迟。不同用户机有不同的误差量级，一般估计等效测距误差为 2～5m。

2．卫星位置误差

包括沿相对地心矢径方向的径向分量，在卫星瞬间轨道面上垂直于矢径并指向卫星运动方向的分量和沿轨道面法线并按右手规则取向的分量。一般卫星位置误差的径向分量直接影响等效距离误差，其他两个分量以小于一个数量级的程度影响等效距离误差，一般估计等效距离误差达到 3～5m。

3．卫星转发延迟误差

中心站的询问信号和用户机的应答信号经卫星变频、转发而产生的信号延迟。

4．大气传播延迟修正误差

包括对流层和电离层，通常使用模型加以改正。

5．定位滞后误差

由于双静止卫星在定位过程中，无线电信号在中心、卫星、用户间要往返传播一周，地面中心解算出用户位置后再通过卫星传送至用户，每次定位约需 0.8～1.0s。

对高速用户而言，这将带来很大的滞后误差。因此对于高速、实时性要求较高的用户，为了消除这种误差，地面中心应通过测量或滤波估计用户的速度，并通过外推，取得预测数据，再经卫星传送至用户；或者由用户估计自己的运动速度，并通过外推，取得预测数据，减小定位滞后误差。

4.5　北斗系统的局限性与不足

1. 二维定位的问题

由于"北斗"卫星导航定位系统是双星系统，因此，其用户接收机只能测得二维（平面）的定位数据。用户若位于海平面上，因高度为零，可以直接求得三维（平面和高度）的定位数据；但用户若位于陆地或空中，就需要利用地面控制中心的数字地图或用户自备的测高仪才能求得用户的高度，并进一步确定用户的三维坐标。若控制中心的数字地图数据库数据不够准确，尤其是要拿到非本国的地理精确数据并不容易，定位出的位置数据就会有问题。

2. 定位时间的问题

"北斗"卫星导航定位系统用户的定位申请要送回地面控制中心，经由中心控制系统解算出用户的三维位置资料之后再发回用户。无线电信号从地面发出，经卫星返回地面的上下行时间约为 0.24～0.28s，从用户接收器应答测距信号到接收定位结果，信号经过两次上下行链路的传送，时间约需 0.56s，加上中心控制系统的计算时间，整个定位时间约需 1s，即用户接收机约可在 1s 内完成定位。这 1s 的定位时间对飞机、导弹这种高速运动的用户嫌时间长，会加大定位的误差，因此，若要利用"北斗"卫星导航定位系统进行精确定位，以车辆、船舶等慢速运动的用户较适合。

3. 有源应答的问题

由于"北斗"卫星导航定位系统的客户端要请求定位服务时，必须发出应答信号，即"有源应答"，如果使用者是军方单位就会使自身失去隐蔽性，且这个定位服务要求的信号也可被敌方定位，而招致攻击。

另外，客户端除了要与卫星一样接收来自地面控制中心的询问信号，也要发出应答信号，因此，整个系统的同一时间内服务用户的数量便受用户可使用的通信频率数量、询问信号速率和用户的响应速率等条件的限制，所以"北斗"卫星导航定位系统的用户设备容量是有限的，每秒钟只能容纳 150 个用户。虽然每个客户端都有专用识别码，不过一旦被破解，很容易使整个系统被敌人或有心人士以伪冒信号加以饱和，使系统瘫痪或者是传送假信息，迷惑友军。由于"北斗"卫星导航定位系统中地面控制中心扮演着系统关键角色，如承转卫星信息、解算用户位置等，因此，一旦地面控制中心被毁，整个系统就不能运作了，这也是"北斗"系统的致命伤。

4．用户机的问题

"北斗"卫星导航定位系统使用的卫星是同步轨道卫星，这意味着落地信号功率很小，因此，用户机需要有较大天线（直径达 20cm）才能接收信号，而且因"有源应答"运作方式，所以，用户机还要包含发射机，因此在体积（普通型用户机长 20cm、宽 17.5cm、高 5.2cm）、重量、耗电量，甚至价格都远比 GPS 接收机来得大、重、耗电与贵，而且这么大且重的用户机，不要说是装在导弹上，就是单兵使用都是一大负担。

5．抗干扰的问题

由于"北斗"卫星导航定位系统"有源应答"的运作模式，使得数据更新速度较慢，原本就不利于速度较快的飞机和导弹做精确定位。所以一旦配备"北斗"卫星导航定位系统的飞机或导弹，被敌方干扰，其误差值要比使用 GPS 制导被干扰要来得大。

4.6　RTK 测量

4.6.1　实验目的

（1）练习 GPS-RTK 系统的组成。
（2）练习 GPS-RTK 实验物品及各部件作用。
（3）掌握各部件连接方法。
（4）掌握 GPS 接收机测站动态信息的采集与设置。
（5）熟悉 GPS 接收机动态数据采集观测信息的评价方法。

4.6.2　GPS 动态定位测量

GPS 动态测量时利用 GPS 卫星定位系统实时测量物体的连续运动状态参数。

如果所求的状态参数仅仅是三维坐标参数，此时称为 GPS 动态定位。如果所求的状态参数不仅包括三维坐标参数，还包括物体运动的三维速度，以及时间和方位等参数，则可以称为导航。GPS 导航就是广义的 GPS 动态定位，它有着极其广阔的应用前景。例如，用于陆地、水上和航空航天运载体的导航。根据用户的应用目的和精度要求的不同，GPS 动态定位方法也随之而改变。从目前的应用看来，主要分为以下几种方法。

1. 单点动态定位

单点动态定位一般是用安设在一个运动载体上的单台双频 GPS 信号接收机，利用 IGS 提供的精密星历和卫星钟差，自主地测得该运动载体的实时位置，从而描绘出该运动载体的运行轨迹。所以单点动态定位又称为绝对动态定位。解算运动载体的实时点位时，后续点位的初始坐标值可以依据前一个点位坐标来假定。因此，关键是要确定第一个点位坐标的初始值，才能精确求得第一个点位的三维坐标。例如，行驶的汽车和火车，常用单点动态定位。

2. 实时差分动态定位

实时差分动态定位是用安设在一个运动载体上的 GPS 信号接收机，以及安设在一个基准站上的另一台 GPS 接收机，同时测量来自相同 GPS 卫星的导航定位信号，联合测得该运动载体的实时位置，从而描绘出该运动载体的运行轨迹，故差分动态定位又称为相对动态定位。其中一个测站是位于已知坐标点，设在该已知点（又称为基准点）的 GPS 信号接收机，称为基准接收机。GPS 信号接收机（简称为动态接收机）同时测量来自相同 GPS 卫星的导航定位信号。基准接收机所测得的三维位置与该点已知值进行比较，便可获得 GPS 定位数据的改正值。如果及时将 GPS 改正值发送给卫星用户的动态接收机，而改正后者所测得的实时位置。在实际应用中，飞机着陆和船舰进港，一般要求采用实时差分动态定位，以满足它们所要求的较高定位精度。图 4-6 所示为差分动态定位原理框图。

3. 后处理差分动态定位

它与实时差分动态定位的主要差别在于，在运动载体和基准站之间，不必像实时差分动态定位那样建立实时数据传输，而是在定位观测以后，对两台 GPS 接收机所采集的定位数据进行测后的联合处理，从而计算出接收机所在运动载体在对应时间上的坐标位置。例如，在航空摄影测量时，用 GPS 信号测量每一个测量瞬间的摄站位置，就可以采用后处理差分动态定位。

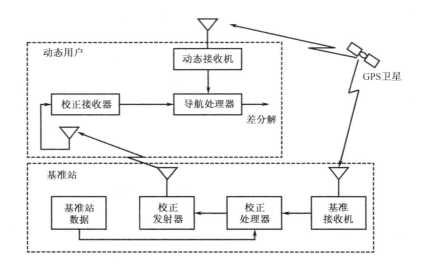

图 4-6　差分动态定位原理框图

虽然定位方法不同，但是动态用户都采用具有相关型波道码的接收机。此外，根据载体的运行速度和加速度的不同，以及所要求的精度不同而选用相应型号的接收机。

4.6.3　RTK 测量过程

1．领取仪器、检查仪器

对照所需仪器清单清点仪器；检查仪器外观是否有损伤；开机检查接收机、手簿及蓄电池是否有电，电量是否充足。如有问题及时找实验管理人员联系。图 4-7 所示为 RTK 测量仪器。

2．选择实验场地

（1）基准站应当选择视野开阔的地方，这样有利于卫星信号的接收。

（2）基准站应架设在地势较高的地方，以利于 UHF 无线信号的传送，如移动站距离较远，还需要增设电台天线加长杆。

图 4-7　RTK 测量仪器

3．架设基准站

（1）连接接收机、电台、电台天线。图 4-8 所示为架设基准站。

GPS 接收机接收卫星信号，将接收到的差分信号通过电台发射给流动站。电台数据发射的距离取决于电台天线架设的高度与电台发射功率。图 4-9 所示为接收机连接图。

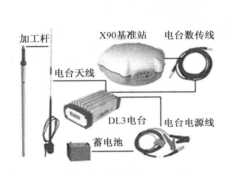

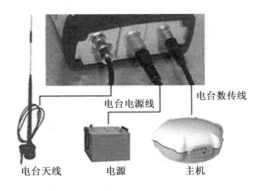

图 4-8 架设基准站　　　　　图 4-9 接收机连接图

（2）连接基准站接收机与 DL3 电台

DL3 电台由蓄电池供电，使用电台电源线接蓄电池时一定要注意正负极（红色接正极，黑色接负极）。当基准站启动好后，把电台和基准站主机连接，电台通过无线电天线发射差分数据，一般情况下，电台应设置一秒发射一次，也就是说电台的红灯一秒闪一次，电台的电压一秒变化一次，每次工作时根据以上现象判断一下电台工作是否正常。按下电源键即可开机（接入电源为 11～16V），电源键具有开机与回退的功能，需短按，在任何时候长按即起到关机的效果。可"设置"电台当前的波特率、模式、功频、液晶等相关信息，用向上或向下按钮选择，按 Enter 键进行确认后，即完成相应设置。图 4-10 所示为接收机与电台连接图。

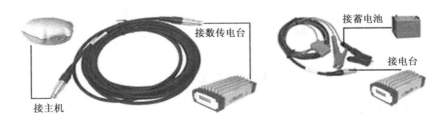

图 4-10 接收机与电台连接图

（3）架设电台天线。

电台天线转接头一边与加长杆连接，一边与电台天线底部连接。加长杆铝盘接三脚架顶部，加长杆插到中间。图 4-11 所示为架设电台天线图。

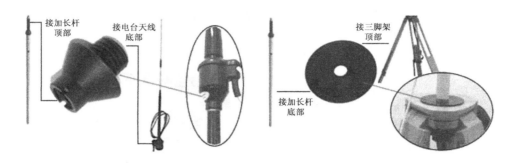

图 4-11　架设电台天线图

4．架设流动站

把棒状无线电接收天线插入 GSP 接收机无线电接口。安装 GPS 接收机到碳纤对中杆上，固定手簿托架到对中杆上，将手簿放入托架内。这样流动站架设完成。图 4-12 所示为架设流动站。

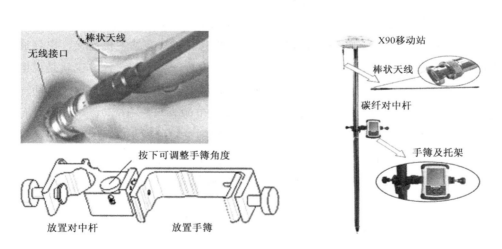

图 4-12　架设流动站

5．设置基准站

（1）基准站选项，执行"配置→基准站选项"。图 4-13 所示为基准站选项设置。

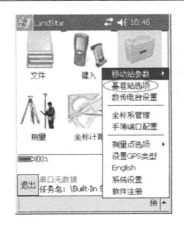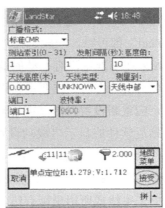

图 4-13　基准站选项设置

广播格式：一般默认为标准 CMR（当然也可以设为 RTCA 或 RTCM）。

一般测站索引（可输入 1～99 等）和发射间隔默认即可。

高度角：限制默认为 10°，用户可根据当时、当地的收星情况适当改动。

天线高度：实测的斜高。

天线类型：选择当时所用天线（A100 或 A300）。

测量到：选择测量仪器高所到位置，一般为"天线中部"。

单击"接受"完成基准站选项设置。

（2）启动基准站接收机，执行"测量→启动基准站接收机"（如若没有与接收机连接则为灰色，不可用）。

基准站的启动方式与基准站具体架设的位置有关，基准站可以架设在已知坐标的点上，也可以架设在未知点上。启动方式也就不同，具体的启动方式如表 4-1 所示。

表 4-1　基准站启动方式表

架设方式		启动方式
已知点	有校正参数	用该已知点直接启动基准站
	无校正参数	在此位置用"此处"功能单点定位启动基准站
未知点		在此位置用此处功能单点定位启动基准站

可以输入点号后选"此处"用单点定位的值来启动基准站，也可以从列表里选先前输入的已知点来启动。一般来说，在一个工作区第一次工作时用单点定位来启动，然后进行点校正；下一次工作时用上次工作点校正求得转换参数，仪器需架设在已知点用此点的已知坐标启动基准站。

以单点定位启动为例，选择"此处"后再选择"确定"，则弹出对话框，选择"OK"或"Cancel"都可以，一般选择"OK"，此时已经保存了启动基准站的所有设置到主机。如果在基准站没有移动的情况下，下次工作时直接开机基准站即可正常工作，但基准站换地方后一定要重新设置基准站，如果基准站已设为自启动，这时已不起作用，应重新设置自启动或者复位基准站主机。

启动基准站后软件应显示"成功设置了基站"，如果由于某种原因没有成功启动基准站，软件会显示"启动基准站失败"，这时需要重新启动基准站。用已知点启动时，如果输入的已知点和单点定位相差很大时会出现这种情况，造成这种原因一般为设置中央子午线或所用坐标有错。

6．设置移动站

（1）移动站选项，执行"配置→移动站参数→移动站选项"。图 4-14 所示为移动站选项。

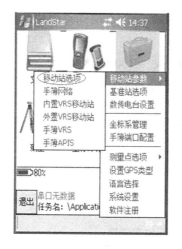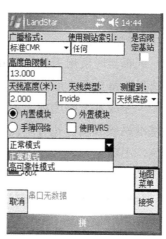

图 4-14　移动站选项

广播格式：与基准站一致。

天线高度：通常对中杆的长度为 2m。

测量到：通常为"天线底部"。

天线类型：选择所用天线型号，目前使用的 X90 接收机则为 X90 Inside。

模式：有"正常模式"和"高可靠性模式"，一般选用"正常模式"。当选用"高可靠性模式"后，初始化时间会稍长一些，但得到固定解后更加稳定，这种模式主要是来降低太阳磁暴对仪器的影响。

（2）启动移动站接收机，执行"测量→启动移动站接收机"

如果无线电和卫星接收正常，移动站开始初始化。软件的显示顺序为串口无数据→正在搜星→单点定位→浮动→固定，固定后方可开始测量工作，否则测量精度较低。

7．点校正

执行"测量→点校正"，打开"点校正"对话框，选择"增加"，图 4-15 所示为增加点校正。

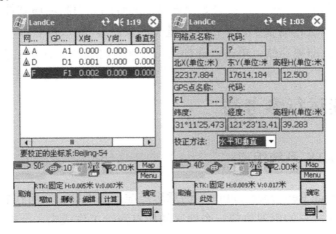

图 4-15　增加点校正

网格点名称：选择之前输入的"当地平面坐标"。

GPS 点名称：实地测出相对已知点的"WGS-84 坐标"，GPS 的测量结果就是 WGS84 坐标，但能得到当地坐标是手簿软件完成的。

校正方法：一般选择"水平与垂直"。

已知点增加完成后点击"确定"按钮。

用几个点进行"校正"就用同样的方法增加几次，最后选择"计算"，"计算"后软件会先后弹出两个对话框，我们都选择"是"就把点校正后所得的参数应用于当前任务，即把点校正后所得的参数应用于当前任务，点校正的目的就是求 WGS84 坐标到当地坐标的转换参数。

GPS 点一般是在同一个基准站下测得的坐标，或者内业后处理软件里面的 GPS 坐标。如果是在不同的基准站下测得的坐标，而这些基准站又都是从已知点启动的基准站，这时可以把移动站选项中的使用 VRS 勾选上，就可以选上其他基准站下的 GPS 点。

8．测量

RTK 差分解有几种类型，单点定位表示没有进行差分解；浮动解表示整周模糊度还没有固定；固定解表示固定了整周模糊度。

固定解精度最高，通常只有固定解可用于测量。固定解又分为宽波固定和窄波固定，分别用蓝色和黑色表示。蓝色表示的宽波解的 RMS 通常为 4cm 左右，建议在距离较远，精度要求不高的情况下采用。黑色表示的窄带解 RMS 通常为 1cm 左右，为精度最高解，但距离较远时，RTK 为得到窄带解通常需要较长的初始化时间，如超过 10km 时，可能会需要 5 分钟以上的时间。当测地通软件界面显示"固定"后，就可以进行测量了。单击"测量→测量点"，输入点名称，单击"测量"后，该点位信息即被存储。单击"选项"可对观测时间和允许误差进行修改。

4.7　连续运行参考站

4.7.1　网络 RTK 系统组成

VRS（Virtual Reference Station）的意思是虚拟参考站，它所代表的是 GPS 的网络 RTK 技术。它的出现将使一个地区的所有测绘工作成为一个有机的整体，结束以前 GPS 作业单打独斗的局面。同时，它将大大扩展 RTK 的作业范围，使 GPS 的应用更广泛，精度和可靠性将进一步提高，使从前许多 GPS 无法完成的任务成为可能。最重要的是，在具备了上述优点的同时，建立 GPS 网络成本反而会极大降低。在过去的几年里，很多厂家花了大量的人力物力来进行这项代表着 GPS 发展方向的技术的研究，但只有 Trimble 公司成功掌握了这项技术，经过 3 年时间的系统测试，2000 年，Trimble 正式推出了自己的 VRS 技术。

FKP 是由 Leica 公司提出的基于全网整体解算模型的主副站技术。它要求所有参考站将每一个观测瞬间所采集的未经差分处理的同步观测值，实时地传输给中心控制站，通过中心控制站的实时处理，产生一个称为区域改正参数（FKP）发送给移动用户。为了降低参考站网络中的数据播发量，使用主辅站技术来播发区域改正参数。主辅站概念为每一个单一参考站发送相对于主参考站的全部改正数及坐标信息。对于网络（子网络）中所有其他参考站，即辅参考站，播发的是差分改正数及坐标差。主辅站概念完全支持单向数据通信，流动站用户接收到改正数后，可以对网络改正数进行简单的、有效的内插，也可进行严格的计算，获得网络固定解。

VRS 系统已不仅仅是 GPS 的产品，而是集 Internet 技术、无线通信技术、计算机网络管理和 GPS 定位技术一身的系统。网络 RTK 系统包括 3 个部分：控制中心，固定站和用户部分。

控制中心（Control Center）：整个系统的核心。它是通信控制中心，也是数据处理中心。它通过通信线（光缆，ISDN，电话线）与所有的固定参考站通信；通过无线网络（GSM、CDMA、GPRS）与移动用户通信。由计算机实时系统控制整个系统的运行，所以控制中心的软件 GPS-NET 即数据处理软件，也是系统管理软件。

固定站：固定参考站是固定的 GPS 接收系统，分布在整个网络中，一个网络 RTK 网络可包括无数个站，但最少要 3 个站，站与站之间的距离可达 70km（传统高精度 GPS 网络，站间距离不过 10～20km）。固定站与控制中心之间有通信线相连，数据实时传送到控制中心。

用户部分：用户部分就是用户的接收机，加上无线通信的调制解调器。根据自己的不同需求，放置在不同的载体上，如汽车、飞机、农业机器、挖掘机等，当然测量用户也可以把它背在肩上。接收机通过无线网络将自己的初始位置发给控制中心，并接收中心的差分信号，生成厘米级的位置信息。

4.7.2　网络 RTK 基本操作

1．设置基准站

（1）通过接收机和电脑相连的方式

打开华测 RTK 软件中的 HCGPRS 软件，单击"获取参数"，如仪器连接电脑时端口为 COM4，在获取参数前也应选择此端口连接。图 4-16 所示为 HCGPRS 打开界面。

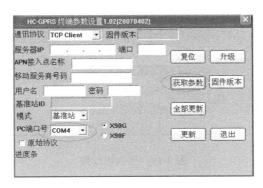

图 4-16　HCGPRS 打开界面

输入上海华测服务器的固定 IP 地址和端口号码，如果我们为 1+2 或 1+n 的工作模式，通信协议应选择 UDP 一对多，1+1 模式选择 UDP 一对一或者一对多均可。APN 接入点名称为 CMNET，移动服务商号码为*99***1#，用户名和密码不输入也可以，模式应与实际一致。流动站还应多输入与其绑定的基准站 ID 号码，固件版本为 HCGPRS 的软件版本。图 4-17 所示为 HCGPRS 的网络设置。

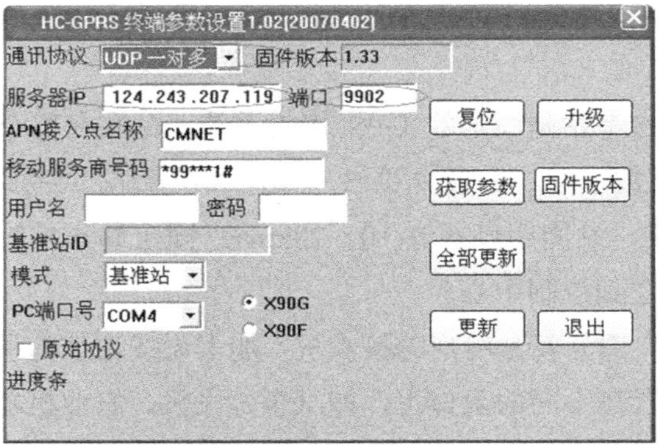

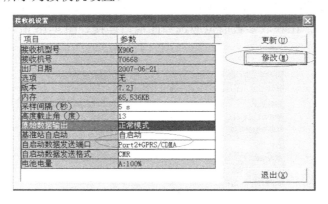

图 4-17　HCGPRS 网络设置

在输入完毕后单击"全部更新"，在进度条过完后，刚才输入的参数都会保存下来。设置完毕后，打开电脑数据下载软件，更改接收机启动方式为"自启动"，发送端口为"Port2+GPRS/CDMA"，设置好后单击"修改"按钮，参数会被记录下来，再次打开接收机后，基准站会自动登录固定 IP 并发送数据，基准站到此设置完毕。图 4-18 所示为接收机设置。

图 4-18　接收机设置

（2）通过手簿蓝牙连接的方式

连接好蓝牙后，打开手簿中的 HCGPRS 软件。先把蓝牙打勾，选取相应端口，再单击"获取参数"。如图 4-19 所示。

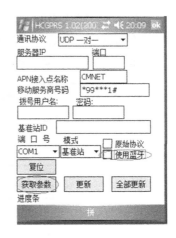

图 4-19 手薄连接

设置与电脑连接时步骤一样，输入相应信息，单击"全部"更新即可，然后打开数据下载软件，更改接收机启动方式和端口分别为"自启动"和"Port2+GPRS/CDMA"，再次开机后就可正常工作。

手薄上安装好 CF 卡后，单击"手簿上网图标→设置→连接"，分别出现如图 4-20 所示的界面，选择"添加新调制解调器连接"，如果以前设置过，并不需要更改，只需"管理现有连接"即可。

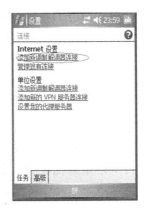

图 4-20　流动站设置

进入新建连接界面后，要求输入连接名称和选择调制解调器，可按图 4-21 进行输入，然后选择"下一步"，需要我们再输入上网所拨号码，输入*99***1#，选择"下一步"。进入图 4-21 的界面后，用户名和密码不需要输入，单击旁边的"高级选项"，在常规中把波特率设置为 115200，在额外拨号命令处输入+CGDCONT=1、IP、CMNET。其他均为默认即可。修改完毕后，单击"OK"按钮，退回单击"完成"。单击"我的连接"2～3s，出现"删除→连接"，选择连接，然后手簿会显示正在拨号，上网成功后开始记时。图 4-21 所示为设置波特率界面。

图 4-21　设置波特率

在设置好手簿上网功能后，打开测地通软件，连接好蓝牙，选择"配置→移动站参数→手簿 APIS"数据中心号码和端口号，还应输入服务器的固定 IP 和固定端口号。基准站号码一定要输入绑定的基准站六位 S/N 号码。本机 IP 和基准站 IP 均为接收机上网时的临时 IP，不需要我们去修改。输入完毕后，单击"设置"。在出现网络符号后，启动移动站即可。定时间和精度大致与电台作业模式一样。

小结

北斗卫星导航系统是中国自行研制的全球卫星导航系统。从设计上说，北斗系统的性能是十分优良的，尽管还比不上美国的 GPS 系统。在本章节中，本章主要介绍北斗卫星系统定位的基本原理，主要是通过双星定位。还介绍了北斗卫星系统双星定位的两种解算方法，其中，位置改正法差分定位，受校准站测量几何条件的影响较大；而在同样的条件下，边长改正法精度优于位置改正法。此外，还介绍了双星定位的误差来源与北斗系统存在局限性。

第 5 章　GPS 卫星导航定位技术的应用

GPS 卫星定位技术能够以不同的定位精度提供服务，从几十米、米、分米、厘米、毫米的定位精度，都有可选择的定位方法。在测速方法方面，可提供米/秒到毫米/米等不同精度的服务。在定时方面，可从微秒、纳秒的精度实现时间测量和不同目标时间同步。在定位时间响应方面，可以从几天、几个小时、几分、几十秒到 1 秒及 0.05 秒来实现不同的实时性要求和精确度要求。从相对定位距离方面，除了被森林、高楼、隧道遮挡信号造成可见卫星少于 4 颗和强电离层爆发造成的 GPS 测距信号完全失真外，GPS 可以说是全球、连续和全天候的。

5.1　GPS 在科学研究中的应用

5.1.1　GPS 在地球动力学及地震研究中的应用

地球动力学是由地球物理学、大气构造学、大地测量学和天体测量学等学科相互渗透而形成的一门新学科。地球动力学的基本任务是应用上诉各学科方法来研究地球的动力现象及其机理。它的主要内容涉及地球的自转和极移、地球重力场及其变化、地球的潮汐现象及地壳运动等。其中地壳运动所涉及的板块运动和断层位移是大地测量和地震监测的重要数据，板块和断裂构造又与地下矿藏的分布有关。所以，研究板块的运动及其动力学机制，对地震预报、矿产勘查具有重要的实用意义。

GPS 在地球动力学中的应用主要是用 GPS 来监测全球和区域板块运动，监测区域和局部地壳运动，从而进行地球成因及动力机制的研究。根据测定的板块运动的速度和方向，测定的地壳运动变形量，分析地倾斜地应变积累，研究地下断层活动模式、应力场变化，开展地震危险性估计，做地震预报。原武汉测绘科技大学，利用云南滇西两期 GPS 监测资料，反演红河断裂带地下断层活动模式，对 1996 年云南丽江地震做了较为准确的中期（1~3 年）预报，其位置误差为 27km，震源深度误差为 0~6km，震级完全准确。揭示了用 GPS 监测资料做中期地震预报的可能性。

目前用 GPS 来监测板块运动和地壳形变的精度，在水平速度上可达 2mm/年，水平方向形变可达到 1~2mm/年，垂直方向可达 2~4mm/年，基线相对精度可达 10^{-9}。这一精度完全可以用来监测板块运动和地壳运动。

1．中国地壳运动监测网

中国地壳运动 GPS 监测网络于 1994 年立项，1998 年开始建设，2000 年 1 月 25 日完成。它由 25 个连续运行的 GPS 基准站、56 个定期复测的基本站和 1000 个不定期复测的监测网点组成。中国地壳运动 GPS 监测网络在全国构成了高精度、高时空分辨率的现势板块运动监测网络，建立了以地震预报和地学研究为目的，兼顾大地测量和国防建设的专业性 GPS 监测网络。

基准站间 GPS 基线长年变化率测定精度优于 2mm，独立定轨精度优于 2m，与 IGS 联网定轨精度优于 0.5m，使我国可以自主发布 GPS 的精密星历，摆脱依赖国外的历史。基本站间 GPS 基线每年测定水平精度为 3~5mm，垂直精度为 10~15mm。在 1000 个监测网点中，10 个点均匀分布在全国各地，700 个点分布在断裂带和地震危险监测区。

2．青藏高原地球动力学监测网

青藏高原位于欧亚板块缝合处，是世界上研究板块构造运动最好的地方。从 20 世纪 20 年代开始，世界各国地球动力学家，纷纷到青藏高原进行喜马拉雅山地区板块与地壳运动的研究，研究结果都表明喜马拉雅山地区在快速地隆升。中国青藏高原科学考察队，经分析 1959~1961 年和 1979~1981 年相隔 20 年的两期精密水准资料，得出青藏高原上升速率是由北往南递增，狮泉河——萨嘎——邦达一带平均上升速率为 8.9mm/年，拉萨——邦达段上升速率达 10mm/年。印度根据 1972~1981 年到 1977~1978 年，5 年水准测量资料分析得出，喜马拉雅山板块上升速率为 2~18mm/年。尼泊尔根据 1974~1990 年水准测量资料分析表明喜马拉雅山地壳上升速率为 6~7mm/年。自 1987 年开始，世界各国纷纷应用 GPS 进行青藏高原板块的相对运动监测。

原武汉测绘科技大学于 1993 年沿青藏高原公路，从格尔木至聂拉木，布设了由 12 个 GPS 监测点组成的地球动力学监测网，全网长约 1470km，宽 60km，最长边为 1085km，在 1993 年 7~8 月进行了第一期 GPS 观测，1995 年 6~7 月进行了第二期观测，采用 Rogue SNR 8000 GPS 接收机，白天、夜晚各观测一个时段，时段长为 9h。基线解算采用原武汉测绘科技大学改进后的 GAMIT 软件，用 IGS 精密星历，统一归算至 ITRF$_{94}$ 框架。经变形分析、青藏高原每年大约以 33.4mm、以 N30°E 方向西伯利亚运动。

1995 年 5 月，国家测绘局与德国应用大地测量研究所合作，开展 GPS 西藏'95 会战。西藏'95 GPS 会战由 8 个 GPS 点组成，平均边长为 187km，从格尔木至珠穆朗玛峰南麓的绒布寺，横跨 4 个大构造断裂带。观测采用 8 台 Trimble 4000SSE GPS 接收机，同步连续观测 6 天。数据处理采用双频 P 码和双频相位组合观测值，IGS 精密星历，Bernese V3.45 软件，归算至 ITRF$_{94}$ 框架。其基线重复性精度达 $1 \times 10^{-8} \sim$ 3×10^{-8}，坐标精度优于 ±5cm。

3. 首都圈 GPS 地表形变监测网

首都圈（北纬 38.5°～41.0°，东经 113.0°～120°）是中国东部新构造最强烈地区，曾发生过强烈地震 10 多次（如 1976 年唐山大地震）。据专家预测，今后 20 年，有可能再发生中强地震。为监测首都圈地震，1994 年通过专家论证，决定建立首都圈 GPS 地表形变监测网。全网共 57 个 GPS 监测点，点距为 50～100km，控制面积约 15 万平方公里。计划每年复测一次。对应力集中地段，点位再加密到 20～30km 一个点，每年测 2～4 次。预期监测的相对精度优于 5×10^{-8}。

4. 龙门山 GPS 地壳形变监测网

由中、美合作的龙门山 GPS 地壳形变监测网，位于我国西南地区，横跨四川、云南省，东西宽约 500km，南北长约 1000km，该网布设 13 个 GPS 监测站（每个站由一个主点、三个副点组成）点距为 42～250km。已于 1991 年、1993 年、1995 年进行了三期观测。解算采用 GAMIT 软件，解算结果三期基线长变化量为 0.19～6.25cm 之间，相对精度优于 1×10^{-7}。

5.1.2　GPS 在气象学中的应用

GPS 在气象上的应用研究起源于美国，早在 1992 年美国人就提出了采用地基 GPS 技术探测大气水汽含量的原理，并可以使用掩星技术通过对大气折射率的遥感来反演大气的温湿特性。GPS/MET 是 GPS/ Meteorology（GPS 气象学)的简写，它是由卫星动力学、大地测量学、地球物理学和气象学交叉派生出的新兴边缘学科。我国从 1997 年后逐步开始这方面的研究。GPS 探空是运用 GPS 系统的定位功能而发展起来的一门新型技术。

GPS/MET 探测数据具有覆盖范围广（全球）、高垂直分辨率、高精度和长期稳定的特点。对它的研究将给天气预报、气候和全球变化监测等领域产生深刻的影响。

1．天气预报

我们知道数值天气预报（NWP）模式必须用温、压、湿和风的三维数据作为初值。目前提供这些初始化数据的探测网络的时空密度极大限制了预报模式的精度。无线电探空资料一般只在大陆地区存在，而在重要的海洋区域，资料极为缺乏。即使在大陆地区，探测一般也只是每隔 12h 进行一次。虽然目前气象卫星资料可以反演得到温度廓线，但这些廓线有限的垂直分辨率使得它们对预报模式的影响相当小。而 GPS/IMET 观测系统可以进行全天候的全球探测，加上观测值的高精度和高垂直分辨率，使得 NWP 精度的提高成为可能。这样，可以提高数值天气预报的准确性和可靠性。

2．气候和全球变化监测

全球平均温度和水汽是全球气候变化的两个重要指标。与当前的传统探测方法相比，GPS/MET 探测系统能够长期稳定地提供相对高精度和高垂直分辨率的温度廓线，尤其是在对流层顶和平流层下部区域。更重要的是，从 GPS/MET 数据计算得到的大气折射率是大气温度、湿度和气压的函数，因此可以直接把大气折射率作为"全球变化指示器"。

3．其他应用

GPS/MET 观测数据有可能以足够的时空分辨率来提供全球电离层映像，这将有助于电离层/热层系统中许多重要的动力过程及其与地气过程关系的研究。例如，重力波使中层大气与电离层之间进行能量和动量交换，通过测量 LEO 卫星和 GPS 卫星之间信号路径上总的电子含量（TEC）来追踪重力波可能是一种方法。

GPS/MET 提供的温度廓线还可以用于其他的卫星应用系统中。如臭氧（O_3）的遥感系统中需要提供精确的温度廓线，利用 GPS/MET 数据可以很好地满足这一要求。

5.2　GPS 在工程技术中的应用

5.2.1　GPS 在大地控制测量中的应用

作为大地测量的科研任务是研究地球的形状及其随时间的变化，因此，建立全球覆盖的坐标系统之一的高精度大地控制网是大地测量工作者多年来一直梦寐以求的。直到空间技术和射电天文技术高度发达，才得以建立跨洲际的全球大地网，但由于甚长基线干涉测量技术（VLBI）、卫星激光测距系统（SLR）技术的设备昂贵且非常笨重，因此在全球也只有少数高精度大地点，直到 GPS 技术逐步完善的今天才使全球覆盖的高精度 GPS 网得以实现，从而建立起了高精度的（在 1~2m）全球统一的动态坐标框架，为大地测量的科学研究及相关地学研究打下了坚实的基础。

1991 年国际大地测量协会（LAG）决定在全球范围内建立一个 IGS（国际 GPS 地球动力学服务）观测网，并于 1992 年 6~9 月间实施了第一期会战联测，我国借此机会由多家单位合作，在全国范围内组织了一次盛况空前的"中国'92 GPS 会战"，目的是在全国范围内确定精确的地心坐标，建立起我国新一代的地心参考框架及其与国家坐标系的转换参数；以优于 10^{-8} 量级的相对精度确定站间基线向量，布设成国家 A 级网，作为国家高精度卫星大地网的骨架，并奠定地壳运动及地球动力学研究的基础。

建成后的国家 A 级网共由 28 个点组成，经过精细的数据处理，平差后在 ITRF91 地心参考框架中的点位精度优于 0.1m，边长相对精度一般优于 1×10^{-8}，随后在 1993 年和 1995 年又两次对 A 级网点进行了 GPS 复测，其点位精度已提高到厘米级，边长相对精度达 3×10^{-9}。

作为我国高精度坐标框架的补充，以及为满足国家建设的需要，在国家 A 级网的基础上建立了国家 B 级网（又称国家高精度 GPS 网）。布测工作从 1991 年开始，经过 5 年努力完成外业工作，内业计算已基本完成。观测效率提高了几十倍，产出的大范围和时空密集的地壳运动数据成为地球科学定量研究的基础，网络工程从根本上改善了我国对地球表层固、液、气三个圈层的动态监测方式。

新布成的国家 A、B 级网已成为我国现代大地测量和基础测绘的基本框架，将在国民经济建设中发挥越来越重要的作用。国家 A、B 级网以其特有的高精度把我国传统天文大地网进行了全面改善和加强，从而克服了传统天文大地网的精度不均匀，系统误差较大等传统测量手段不可避免的缺点。通过求定 A、B 级 GPS 网与天文大地网之间的转换参数，建立起了地心参考框架和我国国家坐标的数学转换关系，从而使国家大地点的服务应用领域更宽广。利用 A、B 级 GPS 网的高精度三维大地坐标，并结合高精度水准联测，从而大大提高了确定我国大地水准面的精度，特别是克服我国西部大地水准面存在较大系统误差的缺陷。

从 2000 年开始，我国已着手开展国家高精度 GPS A、B 级网，中国地壳运动

GPS 监测网络和总参测绘局 GPS 一、二级网的三网联测工作。以建立国家高精度 GPS 2000 网，预期精度为 10^{-8}。这充分整合了我国 GPS 网络资源，以满足我国采用空间技术为大地控制测量、定位、导航、地壳形变监测服务。

5.2.2 GPS 在航空摄影测量中的应用

GPS 航空摄影测量是利用摄影所得的像片，研究和确定被摄物体形状、大小、位置、属性相互关系的一种技术。摄影测量有两大主要任务。其中之一就是空中三角测量，即以航摄像片所量测的像点坐标或单元模型上的模型点为原始数据，以少量地面实测的控制点地面坐标为基础，用计算方法解求加密点的地面坐标。在 GPS 出现以前，航测地面控制点的施测主要依赖传统的经纬仪、测距仪及全站仪等，但这些常规仪器测量都必须满足控制点间通视的条件，在通视条件较差的地区，施测往往十分困难。GPS 测量不需要控制点间通视，而且测量精度高、速度快、因而 GPS 测量技术很快就取代常规测量技术成为航测地面控制点的测量的主要手段。但从总体上讲，地面控制点测量仍是一项十分耗时的工作，未能从根本上解决常规方法"第一年航空摄影，第二年野外控制联测，第三年航测成图"的作业周期长、成本高的缺点。近年来，GPS 动态定位技术的飞速发展导致了 GPS 辅助航空摄影测量技术的出现和发展。

GPS 辅助航空摄影测量技术是高精度 GPS 动态测量和航空摄影测量有机结合的一项高新技术。它是在航摄飞机上安置机载 GPS 接收机当做流动站，在测试区域的已知地面控制点上安置 GPS 接收机作为参考站，采用动态差分定位模式，求定摄影瞬间航摄机的三维坐标后，只需要在测试区域周边或四角测定少量的地面控制点，即可完成各种精度要求的空中三角测量。由于机载 GPS 天线相位中心与航摄机的光学投影中心存在位置偏差，摄影瞬间与 GPS 定位时刻不重合，需要进行相应的改正和归算。

为了不影响 GPS 卫星信号的接收，机载 GPS 天线一般安置在飞机的顶部，而航摄机总是安置安装在飞机的底部，两者的中心虽然不重合，但它们与飞机是钢性连接的，两者之间的偏差用像片坐标系中的三个偏心分量（u，v，w）来表示，并用常规方法事先测量好。

GPS 动态差分定位测定的是 GPS 观测历元机载 GPS 天线相位中心坐标，GPS 辅助空中三角测量所需的是摄影机曝光瞬间摄影机的坐标，两者在时刻上不重合，需要利用相邻 GPS 观测历元所测定的位置进行内插或拟合。

5.2.3　GPS 在智能交通系统中的应用

　　车辆 GPS 定位管理系统主要是由车载 GPS 自主定位，结合无线通信系统将定位信息发给监控中心（调度指挥中心），监控中心结合地理信息系统对车辆进行调度管理和跟踪。已经研制成功的如车辆全球定位报警系统、警用 GPS 指挥系统等。分别用于城市公交汽车调度管理，风景旅游区车船报警与调度，海关、公安、海防等部门对车船的调度与监控。主要设备与工作原理如图 5-1 所示。

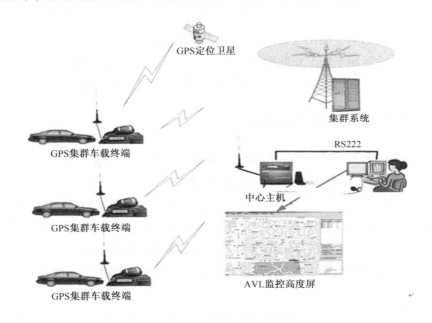

图 5-1　车辆 GPS 定位管理系统原理图

1. 公交车调度

　　可以针对公交线路安排，并结合各种车辆发回的信息（如交通阻塞、机车故障等），将调度命令发送给司机，及时调整车辆运行情况，具有车辆、路线、道路等有关数据的查询功能，利于实现有效管理。利用该系统设置电子站牌，可以通过无线数据链路接收即将到站车辆发出的位置和速度信息，显示车辆运行信息，并预测到站时间，为乘客提供方便。

2. 出租车调配与信息服务

　　在国外发达国家，采用卫星定位监控系统对出租车进行调度管理已经被普遍采用。在我国一些城市，也有越来越多的出租车开始安装卫星定位监控系统。目前，GPS 车辆监控调度系统在出租车中应用最为广泛的就是"叫车服务"，实际上利用 GPS 还可实现路况信息实时监测，电子安全保护，报警防劫等功能。

3．特殊车辆实时监控

利用 GPS 可实现对运钞车、长途运输车等特殊交通工具进行实时监控。运钞车内安装 CPS 后，如果路途遭遇抢劫，押运员可触发报警装置，监控中心的电子地图将会自动显示报警车辆的位置、车速、行驶路线等信息，同时系统自动将信息上传到公安部门的电子地图上，警方迅速调动警力进行围堵。

在每辆长途运输车辆上安装数据存储器，时刻记录车辆的位置数据，定期将数据下载到控制中心，可以查看车辆是否按预定轨迹接送货物，以及途中停歇情况。

5.2.4　GPS 在海洋测绘中的应用

卫星技术用于海上导航可以追溯到 20 世纪 60 年代的第一代卫星导航系统 TRANSIT，但这种卫星导航系统最初设计主要服务于极区，不能连续导航，其定位的时间间隔随纬度而变化。在南北纬 70°以上，平均定位间隔时间不超过 30 分钟，但在赤道附近则需要 90 分钟，在 20 世纪 80 年代发射的第二代和第三代 TRANSIT 卫星 NAVARS 和 OSCARS 弥补了这种不足，但仍需 10～15min。此外采用的多普勒测速技术也难以提高定位精度（需要准确知道船舶的速度），主要用于 2 维导航。

GPS 系统的出现克服了 TRANSIT 系统的局限性，不仅精度高、可连续导航、有很强的抗干扰能力；而且能提供七维的时空位置速度信息。在最初的实验性导航设备测试中，GPS 就展示了其能代替 TRANSIT 和陆地无线电导航系统，在航海导航中发挥划时代的作用。

1．用 GPS 定位技术进行高精度海洋定位

为了获得较好的海上定位精度，采用 GPS 接收机和船上导航设备进行组合定位。如在进行 GPS 伪距定位时，用船上的计程仪（或多普勒声纳）、陀螺仪的观测值联合推求船位。对于近海海域，采用在岸上或岛屿上设立基准站，船上安置 GPS 接收机，采用差分技术或动态相对定位技术确定船位，从而进行高精度海上定位。

2．GPS 技术用于建立海洋大地控制网

建立海洋大地控制网，为海面变化和水下地形测绘、海洋资源开发、海洋工程

建设、海底地壳运动的监测和船舰的导航等服务,是海洋大地测量的一项基本任务。海洋大地控制网是由分布在岛屿、暗礁上的控制点和海底控制点组成的。海底控制点由固定标志和水声应答器构成。对于岛、礁上的控制点点位,可用 GPS 相对定位精度测定其在统一参考系中的坐标,我国已于 1990 年和 1994 年在西沙和南沙群岛的岛、礁上,布设了 GPS 网。而对于测定海底控制点的位置,则需要借助于船台或固定浮标 E 的 GPS 接收机和水声定位设备,对卫星和海底控制点进行同步观测而实现。船上 GPS 接收机的瞬时位置,可以通过 GPS 相对动态定位而精密确定。利用 GPS 接收机同步观测 GPS 卫星进行定位的同时,利用海底水声应答器同步测定船上 GPS 接收机与海底控制点间的距离,从而测定海底控制点的位置。

3．GPS 在水下地形测绘中的应用

水下地形图的绘制对于航运、海底资源勘探、海底电缆铺设、沿海养殖业和海上钻井平台等具有重要意义。海道测量是进行水下地形图测绘的基础,可以通过海底控制测量来测定海底控制点的空间坐标或平面坐标。除此以外,还需用水深仪器对水深进行测量。水深测线间距以比例尺不同而变化,水深仪器的定位除了在近岸区域使用传统的光学仪器采用交汇法定位外,其他较远区域多采用无线电定位。由于 GPS 可以快速、高精度的对目标物进行定位,可以对水深仪器进行单点定位,但其精度只有几十米,只能作为远海小比例尺海底地形测绘的控制,对于较大比例尺测图,可应用差分 GPS 技术进行相对定位。实际应用中常将 GPS 和水深仪器同时使用,前者进行定位测量,后者进行水深测量,再利用电子记录手簿,利用计算机和绘图仪组成水下地形测量自动化系统。

水下地形测量主要是海道测量,海底控制测量是确定海底点的三维坐标或平面坐标,而水下地形测量还需要利用水深仪器测定水深。对于近海领域,采用在岸上或岛屿上设立基准站,采用动态相对位技术进行高精度海上定位。在船上安装差分 GPS 接收机和测深仪。测量船按预定航线利用差分 GPS 导航和定位,测深仪按一定距离或一定时间按照事先设定自动向海底发射超声波并接受海底的发射波,同时记录 GPS 的定位结果和测深数据。定位测量和水深测量的数据都有了之后,就可以利用电子手簿和计算机、绘图仪等组成系统,测绘水深图和水下地形图等。

5.2.5　GPS 在精密工程测量、工程结构变形检测中的应用

精密工程测量和变形监测,是以毫米级乃至亚毫米级精密为目的的工程测量工作。随着 GPS 系统的不断完善,软件性能不断改进,目前 GPS 已可用于精密工程

测量和工程变形监测。GPS 的应用是测量技术的一种革命性变革，它具有精度高、观测时间短、观测站之间不需要通视、全天候作业、花费时间少和作业方法多样等优点。

工程结构变形，一般包括建筑物的位移和人为原因造成的建筑物或地壳的形变。在工程结构变形监测方面，利用 GPS 技术、计算机技术、数据通信技术及数据处理与分析技术进行集成，可实现从数据采集、传输、管理到变形分析及预报的全自动化、实时监测的目的。GPS 用于工程结构和局部性变形监测的精度可达到亚毫米级，从而为大型建筑物（如大坝、桥梁、大型厂房、高楼等）及滑坡崩塌等高精度工程结构变形监测提供了一种极为有效的手段。

5.3　GPS 在军事上的应用

5.3.1　低空遥感卫星定轨

用于遥感、气象和海洋测高等方面的低轨道卫星（卫星高度 300～500km）。大气阻力和太阳辐射压摄动难以模拟，致使很难用动力法精密确定低轨卫星轨道，对这些卫星用通常的地面跟踪技术（如激光、雷达、多普勒等）进行动力法定轨，误差将随着卫星高度的降低而明显增大，其定轨误差可达几十米甚至超过百米，这样的定轨精度已不能满足从多高精度应用对卫星轨道的需要。例如，我国即将发射的951-2 飞行器，其径向的定轨精度需要达到米级才能满足实际应用的需求。对这些低轨道卫星的精密定轨所采用的一个极有前景的方法就是星载 GPS 技术，如国外的 TOPEX 卫星、地球观测系列卫星 EOS-A，EOS-A 和一系列的航天飞机上都装载了 GPS 系统，用星载 GPS 技术实现精密定轨的目的。

5.3.2　导弹武器的实时位置、轨迹的确定

在军事上，GPS 可为各种军事运载体导航。例如，弹道导弹、巡航导弹、空地导弹、制导炸弹等各种精确打击武器制导，可使武器的命中率大为提高，武器威力显著增强。GNSS 在导弹武器系统中主要应用于以下几个方面：GLASS/MIMU（微型惯性测量单元）组合导航系统；GNSS 精密授时；导弹巡航和落点控制；弹道测量与安全控制；基于 GNSS 的航姿测量；GNSS/Autopilot 组合控制系统;导弹火控系统。

目前，各国都在积极研究具有精确制导系统的灵巧武器，如防区外发射的巡航

导弹、制导炸弹和子弹药布散器等。美国军方正在开展"阻击手"的精确打击武器组合制导技术的论证，该项目采用嵌入 GPS 的组合式固态惯性制导系统（GGP），用于空中发射常规巡航导弹（CALCM）、高速反辐射导弹（HARM）、联合直接攻击弹药（JDAM）、联合防区外武器（JSOW）、防区外对地攻击武器（SLAM）。美国陆军正在实验在现成的 BAT 反坦克子弹药弹体上加装 GPS 接收机，以装备陆军战术导弹系统。德国迪尔公司也成功地进行了 GPS 制导的多管火箭系统的新弹头试验。英国国防部也拨款给国防研究局，使皇家空军进行普通炸药上安装制导装置的可行性论证。英国空军考虑了 GPS 辅助瞄准系统/GPS 辅助弹药。法国航空航天公司导弹分公司研制的 VESTA 超音速"弹体"，将采用利用 GPS 的自主惯性导航系统体制。

5.4　GPS 在其他领域的应用

5.4.1　GPS 在精细农业中的应用

在农业生产中增加产量和提高效益是根本目的。要达到增产高效的目的，除了适时种植高产作物、加强田间管理等技术措施外，弄清土壤性质，监测农作物产量、分布、合理施肥，以及播种和喷撒农药等也是农业生产中重要的管理技术。尤其是现代农业生产走向大农业和机械化道路，大量采用飞机撒播和喷药，为降低投资成本，如何引导飞机作业做到准确投放，也是十分重要的。

当前，发达国家已开始把 GPS 技术引入农业生产，即所谓的"精细农业耕作"。该方法利用 GPS 技术，配合遥感技术和地理信息系统，获取农田定位信息，包括产量监测、土样采集等，计算机系统通过对数据的分析处理，依据农业信息采集系统和专家系统提供的农机作业路线及变更作业方式的空间位置，使农机自动完成耕地、播种、施肥、灭虫、灌溉、收割等工作，包括耕地深度、施肥量、灌溉量的控制等。通过实施精细耕作，降低农业生产成本，有效避免资源浪费，降低因施肥除虫对环境造成的污染。

GPS 技术在农业领域中的应用不仅是大面积种植，在小面积的农田，特别是在格网种植的小面积内，应用小型自动化设备，配合差分 GPS 导航设备、电子监测和控制电路，能够适应科学种田的需要，做到精确管理。

5.4.2　GPS 在林业管理方面的应用

GPS 技术在确定林区面积、估算木材量、计算可采伐木材面积，确定原始森林、道路位置，对森林火灾周边测量、寻找水源和测定地区界线等方面可以发挥其独特的重要的作用。在森林中进行常规测量相当困难，而 GPS 定位技术可以发挥它的优越性，精确测定森林位置和面积，绘制精确的森林分布图。

特别是在森林发生大火时，由于森林大火蔓延一般会很快，而且火势和方向都不能预计。而消防人员在扑灭森林火灾时必须掌握火情的最新状况，才能及时准确安全扑灭森林火灾。GPS 技术是一种不依赖路标的动态位置确定系统，能够采集数据并绘制出火势最新的分布图，为扑灭森林火灾提供决策依据。在森林灭火过程中，采用 GPS 技术能够确定燃烧区域面积，它和红外热探测系统结合使用，能够精确测定森林中火势燃烧的小区域。

5.4.3　GPS 在旅游及野外考察中的应用

在旅游及野外考察中，如到风景秀丽的地区去旅游，到原始大森林、雪山峡谷或者大沙漠地区去进行野外考察，GPS 接收机是你最忠实的向导。可以随时知道你所在的位置及行走速度和方向，使你不会迷失路途。目前掌上型导航接收机、手表式的 GPS 导航接收机已经问世，携带和使用就更方便。可以说，GPS 的应用将进入人们的日常生活，其应用前景非常广阔。

小结

GPS 全球导航定位系统，由于具有全天候、全球性、精度高、速度快、费用低、使用方便灵活等诸多优点，因此，这一技术的出现，首先在导航和大地测量领域内得到了广泛的应用。近十年来，随着 GPS 技术的飞速发展，目前它在测绘学中的应用范围，已由原先的大地控制测量，扩展到地球动力学研究、海洋测绘、精密工程测量、工程形变监测、航空摄影测量等。而在导航方面的应用，已包括车辆、船只、飞机的精确导航与交通管理，以及航天器的精确制导与定轨。此外，GPS 技术在精密测时、气象预报和大气物理学研究中，也有广阔的应用前景。

第6章 无线定位技术

近年来,随着科技的快速发展,特别是移动通信、无线传感器网络技术的发展,室内环境下基于位置的服务成为了研究热点,越来越多的人开始研究室内环境下的定位,室内定位已成为了一个非常热门的研究领域,并且具有极其广阔的应用前景。目前,常用的室内定位技术主要基于以下几种:蓝牙、ZigBee、红外线、超声波、超宽带、射频识别(Radio Frequencyi Dentification,RFID)、无线局域网等。

移动通信终端定位服务就是通过无线终端和无线网络的配合,确定移动用户的实际地理位置,从而提供用户需要的与位置相关的服务信息。采用的定位技术不同,可以实现的定位服务也不同。配合手机应用软件,定位技术可以为手机用户提供各种方便工作、生活和娱乐的定位服务,典型的定位服务如下。

(1)援助服务(如紧急医疗服务、紧急定位等)。

(2)基于位置的信息服务(寻找最近的餐饮娱乐信息、黄页查询等)。

(3)广告服务(促销打折信息)。

(4)基于位置的计费。

(5)追踪服务等。

6.1 移动终端定位技术

移动通信终端定位服务就是通过无线终端和无线网络的配合,确定移动用户的实际地理位置,从而提供用户需要的与位置相关的服务信息。采用的定位技术不同,可以实现的定位服务也不同。配合手机应用软件,定位技术可以为手机用户提供各种方便工作、生活和娱乐的定位服务,典型的定位服务如下。

(1)救援服务(如紧急医疗服务、灾难场所的紧急定位等)。

(2)基于位置的信息服务(旅游景区定位、寻找餐饮娱乐信息等)

(3)广告服务(促销打折信息等)。

移动终端定位技术的分类,移动终端定位技术主要分为三种类型,如图 6-1 所示。

图 6-1 移动终端定位技术分类

（1）由移动通信网络完成定位，不需要移动通信终端帮助的定位技术，包括 TOA（到达时间），AOA（到达角）和 CELL-ID（小区识别）3 种定位技术。

（2）由移动通信终端完成定位，但需要移动通信网络帮助的定位技术，包括 AFLT（高级前向链路三边测量），AGPS（辅助 GPS），E-OTD（增强观测时间差），OTDOA-IPDL（空闲期间下行链路—观测到达时间差）4 种定位技术。

（3）由终端独自完成定位，不需要移动通信网络帮助的定位技术，如 GPS（全球定位系统）定位技术。

6.1.1 基于网络无需移动通信终端帮助的定位技术

（1）TOA 定位在以基站为中心、以 TOA 光速为半径的圆上。

（2）AOA 定位在以基站为中心、角度为 AOA 的一条直线上。

（3）CELL-ID 定位是一种最简单的定位技术，每个蜂窝小区都有唯一的小区识别码，通过移动通信终端所在小区的识别号，可以知道其所在的区域。CELL-ID 的定位精度取决于蜂窝小区的大小， 在农村地区，小区的覆盖范围很大， 所以 CELL-ID 的定位精度很差；而城区环境的小区覆盖范围较小，此时 CELL-ID 的定位精度将相应提高。CELL- ID 定位不需要移动台的定位测量，空中接口的定位信令传输很少，所以响应时间很快（一般在 3s 左右），且 CELL-ID 定位无须对手机和网络进行升级。TOA，AOA 及 CELL-ID 这 3 种定位技术与移动网络中使用的无线技术无关。

6.1.2 基于移动通信终端需要网络帮助的定位技术

（1）AFLT 是 CDMA 网络中的一种定位技术。

（2）E-OTD 是 GSM 网络中的一种定位技术。

（3）OTDOA-IPDL 是 WCDMA 网络中的一种定位技术。

这 3 种定位方法的基本原理相同，就是利用移动通信终端接收到不同基站发出信号到达该移动通信

终端的时间差，通过算法软件计算经纬度。实际的位置估计算法需要考虑多基站（3 个或 3 个以上）定位的情况，一般而言，移动通信终端测量的基站数目越多，基站间夹角越大，测量精度就越高。AFLT，E-OTD 和 OTDOA-IPDL 的定位精度比 CELL-ID 要高，但受到环境的影响。在郊区和农村，这 3 种技术可以将移动通信终端定位在 10～20m 范围内；在城区，由于高大建筑物较多，电波传播环境不好，信号很难直接从基站到达移动通信终端，一般要经过折射或反射，定位精度会受到影响，定位范围为 100～200m；此外，直放站也会影响此类定位技术的定位精度。一般情况下，AFLT，E-OTD 和 OTDOA-IPDL 定位响应时间在 3～6s 之间。

这 3 种定位技术需要网络中的所有基站实现时间同步，一般可通过在基站安装 GPS 接收机或连接到时间同步网来实现。

A-GPS（辅助 GPS）定位技术是目前应用最广的移动终端定位技术。这种技术通过网络存储 GPS 信息，包括时间、GPS 接收机（即移动通信终端）位置及 GPS 数据。当移动通信终端尝试做 GPS 测量时，网络将这些数据提供给移动通信终端，使得移动通信终端可以更快、更准确地获取 GPS 数据，这些数据被称为 Assistance Data （辅助数据）。典型的 A-GPS 网络构成如图 6-2 所示。

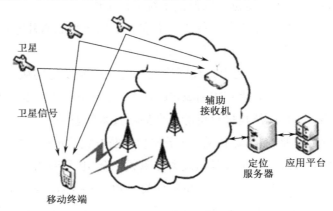

图 6-2　A-GPS 网络工作原理

A-GPS 的基本思想是建立一个 GPS 参考网络，GPS 参考网络通过服务器与无线网络相连，根据移动台定位请求确定所在小区上空的 GPS 卫星；无线网络将来自 GPS 参考网络的辅助数据传给移动台，包括 GPS 伪距测量的辅助信息和移动

通信终端位置计算的辅助信息；利用这些信息，移动通信终端缩小了搜索窗口，可以很快捕获卫星并接收到测量信息，使得定位时间降至几秒钟。另外，采用 A-GPS 技术的移动通信终端 GPS 接收实现复杂度大大降低，功耗也随之降低。A-GPS 与移动网络中使用的无线技术无关。

6.1.3 基于移动通信终端无需网络帮助的定位技术

基于移动通信终端无须网络帮助的定位技术目前的代表就是 GPS（全球定位系统）定位技术。GPS 定位技术与移动网络中使用的无线技术无关。

6.1.4 混合定位技术

以 CDMA 网络中的混合定位技术 GPSOne 为例：GPSOne =A-GPS +AFLT +CCLL-ID。A-GPS 定位与 AFLT 定位的有机结合使两种定位技术在不同的定位环境中优劣得到互补。在农村或郊外，AFLT 定位因无线基站稀少所以精度较差，而 A-GPS 定位在这些环境中正好充分发挥优势；反之，在地下停车场、高架桥下及高楼大厦林立等区域，A-GPS 定位较为困难，而在这些区域基站往往分布较密，AFLT 定位技术的优势得以充分发挥。

为了进一步确保定位成功率，GPSOne 在导频信号不足和 AFLT 定位失败的情况下将使用 CCLL-ID 进行定位，以保证系统正常工作。

定位业务在技术实现上有基于控制平面和基于用户平面两种方式。每一种定位技术均可通过控制层面和基于用户层面实现。

基于控制平面方式就是利用无线网络的功能及信号发送层从网络获取位置信息，所有网络结构均必须支持 LBS-specific 信令，这样就需花费昂贵价钱升级现有的 SS7 信令网络，而且此结构极有可能对今后新技术的发展产生制约。此外，这种方式由于网络特定的要求，漫游困难。基于控制平面方式的定位主要用于紧急业务。

基于用户平面方式的定位就是通过数据承载（全 IP 数据链接）实现用户终端和定位系统的交互以获取用户的无线位置信息参数，与无线信令层无关。目前 OMA（开放式移动联盟）的 SUPL（Secured User Plane Location，安全用户层面定位）定位标准即采用这种方式。这种方式的优点在于无须运营商对核心网络进行改造，但需要改进移动终端以支持相应的标准。此外，这种方式由于数据连接使用 LBS 服务，可以漫游。基于用户平面的定位一般用于商业服务。

6.2　WiFi 定位技术

6.2.1　简介

无线局域网络（WLAN）是一种全新的信息获取平台，可以在广泛的应用领域内实现复杂的大范围定位、监测和追踪任务，而网路节点自身定位是大多数应用的基础和前提。当前比较流行的 Wi-Fi 定位是无线局域网络系列标准之 IEEE802.11 的一种定位解决方案。该系统采用经验测试和信号传播模型相结合的方式，易于安装，需要很少基站，能采用相同的底层无线网络结构，系统总精度高。

芬兰的 Ekahau 公司开发了能够利用 Wi-Fi 进行室内定位的软体。WiFi 绘图的精确度大约在 1～20m 的范围内，总体而言，它比蜂窝网络三角测量定位方法更精确。但是，如果定位的测算仅仅依赖于哪个 WiFi 的接入点最近，而不是依赖于合成的信号强度图，那么在楼层定位上很容易出错。目前，它应用于小范围的室内定位，成本较低。但无论是用于室内还是室外定位，WiFi 收发器都只能覆盖半径 90m 以内的区域，而且很容易受到其他信号的干扰，从而影响其精度，定位器的能耗也较高。

6.2.2　系统组成

WiFi 定位系统主要由三个部分组成，WiFi 电子标识、接入点（AP）和数据服务器。WiFi 定位系统组成如图 6-3 所示。

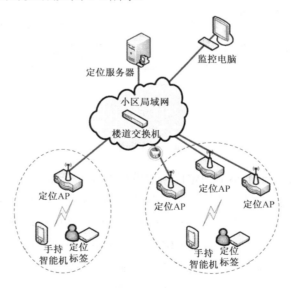

图 6-3　WiFi 定位系统

（1）WiFi 电子标识：需要定位和跟踪的对象，具有无线通信能力，能接受 AP 的信号强度信息，并将其发送到数据服务器。

（2）接入点 AP：能发射射频信号并提供网络连接，无线网络接入点布置越密集，定位的精度就越高。

（3）数据服务器：根据信号强度信息计算目标位置信息。由于用户移动位置和新 WiFi 接入点的出现，数据服务器的数据库必须持续更新。

6.3　蓝牙定位技术

6.3.1　蓝牙技术简介

蓝牙技术通过测量信号强度进行定位。这是一种短距离低功耗的无线传输技术，在室内安装适当的蓝牙局域网接入点，把网路配置成基于多用户的基础网路连接模式，并保证蓝牙局域网接入点始终是这个微微网（piconet）的主设备，就可以获得用户的位置信息。或者将几个 Piconet 网进一步互连，组成一个更大的 Scatternet 网（分布式网络）。蓝牙的网络结构如图 6-4 所示。

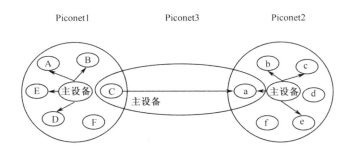

图 6-4　蓝牙网络结构

蓝牙技术主要应用于小范围定位，如单层大厅或仓库。

蓝牙室内定位技术最大的优点是设备体积小、易于集成在 PDA、PC 及手机中，因此很容易推广普及。理论上，对于持有集成了蓝牙功能移动终端设备的用户，只要设备的蓝牙功能开启，蓝牙室内定位系统就能够对其进行位置判断。采用该技术作室内短距离定位时容易发现设备且信号传输不受视距的影响。随着蓝牙 4.0 标准规范发布，蓝牙拥有超低功耗、3ms 演示、100m 以上超长距离、AES 一 128 加密等诸多特色。基于此，有很多机构都在研究基于蓝牙技术的室内定位方法，这些特点确保了蓝牙技术实现室内定位的可行性与实用性。

6.3.2　低功耗蓝牙技术（Bluetooth Low Energy）

蓝牙 4.0 是 2012 年最新蓝牙版本，是 3.0 的升级版本；较 3.0 版本更省电、成本低、3ms 低延迟、超长有效连接距离、AES-128 加密等；通常用在蓝牙耳机、蓝牙音箱等设备上。蓝牙技术联盟（Bluetooth SIG）2010 年 7 月 7 日宣布，正式采纳蓝牙 4.0 核心规范（Bluetooth Core Specification Version 4.0)，并启动对应的认证计划。会员厂商可以提交其产品进行测试，通过后将获得蓝牙 4.0 标准认证。该技术拥有极低的运行和待机功耗，甚至使用一粒纽扣电池就可连续工作数年之久。

它支持两种部署方式：双模式和单模式。在双模式中，低功耗蓝牙功能集成在现有的经典蓝牙控制器中，或再在现有经典蓝牙技术（2.1+EDR/3.0+HS）芯片上增加低功耗堆栈，整体架构基本不变，因此成本增加有限。单模式面向高度集成、紧凑的设备，使用一个轻量级连接层（Link Layer）提供超低功耗的待机模式操作、简单设备恢复和可靠的点对多点数据传输，还能让联网传感器在蓝牙传输中安排好低功耗蓝牙流量的次序，同时还有高级节能和安全加密连接,可广泛用于卫生保健、体育健身、家庭娱乐、安全保障等诸多领域，如图 6-5 所示。

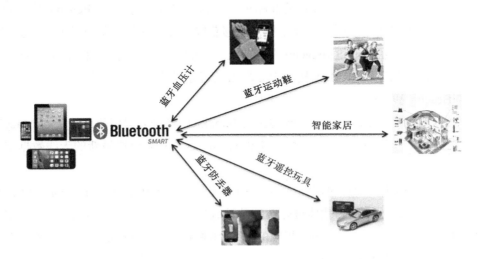

图 6-5　低功耗蓝牙在各领域中的应用

6.3.3　蓝牙信标（Bluetooth iBeacon）

iBeacon 是苹果公司开发的一种通过低功耗蓝牙技术进行一个十分精确的微定位技术。通过此技术设备可以接收一定范围由其他 iBeacons 发出来的信号，同时也可以把你的信息在一定范围内传给其他用户。所有搭载有蓝牙 4.0 以上版本和 iOS7 的设备都可以作为 iBeacons 技术的发射器和接收器。

用一句话总结 iBeacons，那就是该技术就像是室内的 GPS，iPhone 可以接收 iBeacons 传输，并获得各种准确的定位信息。例如，当你驾驶到地下停车场，停车之后去购物。回来之后，iPhone 应用可以指导你找到自己机车的精确位置。定位只是 iBeacons 技术的一部分而已，iBeacons 还允许你的手机发出简单的"我在这"信号，这意味着 iBeacons 技术可以完成更多事情。例如，当你逛街路过一家商店，这家商店可以发出 iBeacons，这时你的手机就能获得当天可用的优惠券。当然，逛街的时候就收到各种优惠券也会非常闹心的，用户可以设定给予某些特定 App 权限。苹果有可能提供像 Passbook 这样的应用，让用户选择自己喜欢的公司，只从这些公司收取促销信息。例如，你带着一部 iPhone6，走入一家购物中心的店铺，同时这也意味着你已经进入了这家店铺的 iBeacon 信号区域，iBeacon 基站便可以向你的 iPhone 传输各种信息，例如优惠券或者是店内导航信息。甚至当你走到某些柜台前面时，iBeacon 还会提供个性化的商品推荐信息。也就是说，在 iBeacon 基站的信息区 域内，用户通过手中的智能手机便能够获取个性化的位置信息及通知。与 NFC 技术一样，用户也能通过 iBeacon 来完成支付。除此之外，每个 iBeacon 基站内置有加速度计、闪存、ARM 架构的微处理器及蓝牙模块，而一小块纽扣电池便能为一个 iBeacon 基站提供长达两年的续航时间。

2013 年 11 月 21 日上午，购物应用 Shopkick 将与美国梅西百货公司(Macy's)合作在商场中布局 iBeacons 技术。将 iBeacons 这项苹果公司最新的无线数据交换技术用在实际生活中。

纽约市海诺德广场和旧金山联合广场的梅西百货将开始测试 iBeacons 系统。这种技术以功耗蓝牙技术为载体进行数据传输或定位，在某一区域布局信号后，支持此技术的设备进入这个区域时，相应的应用程序便会提示用户是否需要接入这个信号网络。通过无线传感器和低功耗蓝牙技术，用户能使用 iPhone 来传输数据。在商场里，它最典型的应用便是允许顾客在访问梅西百货零售店时获得基于位置的商品推荐。安装 Shopkick 应用的用户走入梅西百货时就能获得问候提醒。走近某件商品时会收到产品介绍及优惠信息，如图 6-6 所示。

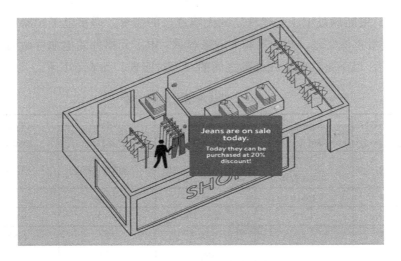

图 6-6　iBeacon 在商场中的应用

6.4　ZigBee 定位技术

6.4.1　ZigBee 技术简介

　　ZigBee 技术是一种提供控制或传感器等电子元器件之间无线连接的无线通信技术。其主要特点是成本低、传输距离短、数据传输速率低及省电。ZigBee 这个名字来源于蜜蜂通过跳 ZigZag 形状的舞蹈传递哪里能找到食物源之类的信息。

　　长期以来，低价、低传输率、短距离、低功率的无线通信市场一直存在着。自从 Bluetooth 出现以后，曾让工业控制、家用自动控制、玩具制造商等业者雀跃不已，但是 Bluetooth 的售价一直居高不下，严重影响了这些厂商的使用意愿。一般而言，随着通信距离的增大，设备的复杂度、功耗及系统成本都在增加。相对于现有的各种无线通信技术，ZigBee 技术将是最低功耗和成本的技术。同时由于 ZigBee 技术的低数据速率和通信范围较小的特点，也决定了 ZigBee 技术适用于承载数据流量较小的业务。

　　ZigBee 技术构建在 IEEE 802.15.4 标准之上。ZigBee 和 IEEE802.11.15.4 的关系就如同 Wi-Fi 与 802.11 的关系一样，IEEE802.15.4 标准仅定义了物理层（PHY）和媒体访问控制层（MAC）的规范，这远远不能满足商业应用的要求，因此 ZigBee

联盟成立了，在 802.15.4 标准之上制定了网络层和应用层规范。

除了 ZigBee 技术外，无线传输协议还包括 BlueTooth、WiFi 等。与这些标准相比，ZigBee 更能满足电子元器件之间无线连接的需求。通常电子元器件不要求高带宽，而更看重低时延、低能耗和大网络容量。电子元器件的电池寿命通常都是以年来计算的，以下是这些无线标准之间的一个对照表，如表 6-1 所。

表 6-1　无线标准之间的比较

名称 项目	ZigBee™ 802.15.4	Bluetooth™ 802.15.1	WiFi™ 802.11b	GPRS/GSM 1Xrtt/CDMA
应用领域	广阔范围 声音&数据	Web，E-mail，图像	电缆替代品	监测&控制
系统资源	16M+	1M+	250kb+	4～32KB
电池寿命（天）	1～7	0.5～5	1～7	100～1000+
网络容量	1	32	7	255/65000
带宽	64～128+	11000+	720	20～250
传输距离	1000+	1～100	1～10	10～100+
特点	覆盖面积大， 质量好	速度快，灵活性	价格便宜，方便	可靠，低功耗， 价格便宜

6.4.2　ZigBee 网络进行通信的特点

系统采用多跳式路由通信，网络容量大 ，可以跨越很大的物理空间，适合距离较远比较分散的结构，MESH 网状网络拓扑结构的网络具有强大的功能，网络的所有实体只有在通信范围之内，都可以互相通信，如果没有直接通路，还可以通过"多级跳"的方式来通信；该拓扑结构还可以组成极为复杂的网络；除此之外，网络还具备自组织、自愈功能。

终端节点具有路由功能，当某个终端节点与网络协调器无法通信时，它会找出最近的一个能与网络协调器通信的终端节点，从而恢复通信；当终端节点与终端节点、终端节点与网络协调器之间的直线距离都超过 600m 时，需在合适的位置增加无线路由器，以增强信号，保持通信。图 6-7 所示为 ZigBee 网络通信。

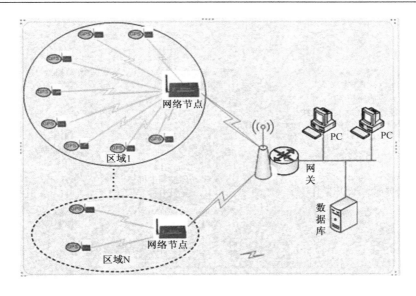

图 6-7 ZigBee 网络通信

6.4.3 ZigBee 的应用前景

ZigBee 的出发点是希望能发展一种易布建的低成本无线网络，同时其低耗电性将使产品的电池能维持 6 个月到数年的时间。在产品发展的初期，将以工业或企业市场的感应式网路为主，提供感应辨识、灯光与安全控制等功能，再逐渐将目前市场拓展至家庭中的应用。通常符合以下条件之一的应用，就可以考虑采用 ZigBee 技术，图 6-8 所示为 ZigBee 在智能家具中的应用。

（1）设备成本很低，传输的数据量很小。

（2）设备体积很小，不便放置较大的充电电池或者电源模块。

（3）没有充足的电力支持，只能使用一次性电池。

（4）频繁地更换电池或者反复地充电无法做到或者很困难。

（5）需要较大范围的通信覆盖，网络中的设备非常多，但仅仅用于监测或控制。

根据 ZigBee 技术的特点，一般家庭可将 ZigBee 应用于以下装置。

（1）空调系统的温度控制器，灯光、窗帘的自动控制。

（2）老年人与行动不便者的紧急呼叫器。

（3）电视与音响的万用遥控器，无线键盘、滑鼠、摇杆，玩具。

（4）烟雾侦测器。

（5）智慧型标签。

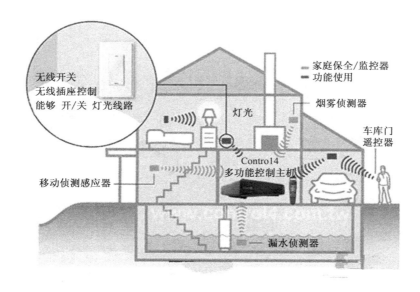

图 6-8　ZigBee 在智能家居中的应用

6.5　射频识别定位技术

6.5.1　射频识别技术介绍

　　射频识别即 RFID（Radio Frequency IDentification）技术，俗称电子标签，是 20 世纪 90 年代兴起的一项非接触式自动识别技术，它通过射频信号自动识别目标对象并获取相关数据，识别工作无须人工干预，可工作于各种恶劣环境。

　　通常情况下射频识别系统至少包括两个部分，标签和阅读器。电子标签（tag）由耦合元件和芯片组成，每个标签具有唯一的电子编码，在实际应用中，电子标签附在识别物体的表面。阅读器（Reader）可以无接触地读取并识别电子标签中所存储的数据，进一步通过计算机系统或者网络便可实现对物理识别信息的采集、处理及远程传送等管理功能。

　　射频识别技术依据其工作频率的不同可分为低频、中高频和超高频，不同频段的 RFID 产品会有不同的特性。低频段和中高频段电子标签的典型工作频率为 125kHz、13.56MHz，这两个频段标签芯片一般采用 CMOS 工艺，具有省电、廉价的特点，非常适合近距离的、低速度的识别应用。超高频段电子标签的典型工作频率为 433MHz、915MHz、2.45GHz、5.8GHz 等，其特点是电子标签及阅读器成本都较高、标签内存储的数据量大、阅读距离远、适应物体高速运动性能好，主要用于移动车辆识别、电子身份证、仓储物流应用等方面。

6.5.2 RFID 定位基本原理

RFID 定位与其他无线信号如 ZigBee、红外线定位的基本原理类似。如图 6-9 所示显示了无线定位系统的基本功能框图，从图中可以看出，一个基本的无线定位系统有几部分组成：一组位置检测装置、一套定位算法和一个显示系统。

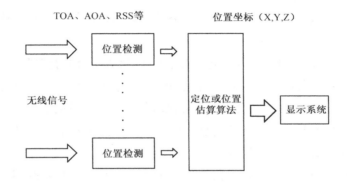

图 6-9 无线定位系统功能框图

系统的工作原理非常简单。首先，位置检测装置从已知位置坐标的一组参考标签处接收无线栅格频信号，或者发送无线射频信号给这些参考标签。为了进行定位计算，这些位置检测装置需要将无线射频信号再转换成定位算法需要的格式，例如，信号到达时间、信号到达角度、信号接收强度等。这些信息再加上每个参考标签的位置坐标组成一个定位矩阵。接下来，定位算法利用一些计算手段，如信号处理、神经网络、或者概率计算等处理定位矩阵，从而计算出定位目标的位置。最后由显示系统将位置坐标信息转成适当的形式给终端用户。

6.6 无线定位技术的应用

实现对移动台的定位功能有多种用途，既可方便移动用户，又能为企业提供商业机会。现在常用的有以下几种用途。

（1）基于移动台的灵活收费。网络管理中心根据移动台所处的不同位置收取不同的话费，例如，在呼叫频率较高的地区收取较高话费，在呼叫频率较低的地区收取较低话费，以及对移动用户漫游的收费等，以此调节移动通信系统的容量。

（2）更好地为用户服务。当用户遇到紧急事件需要呼叫求援、又无法确切说明自己所处位置时，有关部门就可利用定位技术确定用户的具体位置，快速采取相应救援措施，提高用户的安全保障。

（3）智能管理。在移动通信网中采用定位功能后，已经将此充分利用到交通管理中，提供车辆定位、车辆调度管理、监测交通事故等服务，为智能运输系统节省了宝贵的频带资源，节省了大量的硬件投资。

目前国外除了提供现有的各种移动通信业务外，还充分利用现有蜂窝网资源为移动用户和有关的社会安全、公众服务及商业运营部门提供新的移动电话/移动台定位的增值服务。

eS ak ey——海上电子业务（航海钥匙）。该业务使船主能掌握他的船并检查随船所携带的设备。若船上一旦发生情况，船主会收到一个短信息，并能发出短消息询问有关状况。se ak ey 有一套为船主提供远程监控和报警的业务，用移动电话或个人计算机可以很容易得到船上的消息。包括状况报告（风速、风向、温度、路线、位置等）反偷窃报警及电池报警。

Friend position——定位你的伙伴（朋友定位）。允许用户跟踪朋友的位置，通过它你可以知道你的朋友、同事或孩子的位置，没有人能知道 Friend position 用户的位置，除非用户特别授权。该服务是一项友情服务，关键特点是用户能基于自己的位置来确定朋友的位置。

Friend position 有完整的功能，既能自动定位，如基于载波网络的定位，又能在进入城市和街道时手动定位。

S ats afe——定位报警。当用户买到一辆新车又担心在离开没人照管时，此刻就可以考虑安装 s at as fe 定位报警系统。迄今为止，此业务已成功运用到车队管理中，一旦你的汽车有导致报警的事件发生时，你就会立即得到消息，然后呼叫车里的 GPS 定位单元，即得到回应，告诉你汽车所在的街道、经度、纬度、方向和定位时间等信息。

此外，国外还开展了诸如 Yacht position、Brandposition、Dataposition、Ho u s eposition 的定位业务，值得我国借鉴应用。随着无线定位技术的进一步发展，将会有更多的用途应用到我们的日常生活中，给人们提供更大的便利。

第7章 WiFi定位

WiFi（WirelessFidelity）技术即 IEEE802.il 协议，是无线以太网兼容性联盟发的证书。1997 年 WiFi 的第一版本面世，在物理层上定义了 2.4G 频段上的两种无线调频方式和红外线传输方式。设备间可通过访问点、基站和直接方式的协调下进行通信。IEEE802.ll 被用来解决局域网中移动装置和无线接入基站，它主要用 1Mbps 和 2Mbps 两种速率。WiFi 经历了 802.11a、802.11b、802.11g、802.11n 等一系列标准。

IEEE802.11b 的速率最高可达 11Mbps，正因为其高速的传输速率使得无线局域网的应用领域飞速扩展。而且能根据实际情况去选择 5.5Mbps 和 11Mbps 两种频宽。IEEE802.11b 无须申请就能免费使用，它使用的是 2.4GHz ISM 频带。它是用载波侦测的方式控制网络的信息传送，避免网络中包的碰撞，可以提高网络的工作效率。IEEE802.11b 的特点如表 7-1 所示。

表 7-1　IEEE802.11b

符号速率	1Mb/s	2Mb/s	5.5Mb/s	11Mb/s
符号时间	125K	250K	687K	1375K
时延扩展	1μs	1μs	1μs	1.375μs
最大时延	约等于 0.775μs	约等于 0.8μs	约等于 0.4μs	小于 100μs
相干宽带	约等于 1.3M	约等于 1.25M	约等于 2.5M	约等于 10M

IEEE 802.11a 标准工作于 5.8GHz 频带，它的速率能达到 54Mbps。它采用多个频道同时传送信息，由此能提高传输速率。IEEE802.11g 是一种混合标准，介于 IEEE802.11a 和 IEEE802.11b 之间。它能兼容 IEEE802.11a 和 IEEE802.11b 两种标准。既能工作于 2.4GHz 频率，以每秒 11Mbps 的速率传输数据，也能工作于 5GHz 频率以 54Mbps 传输。IEEE802.11n 是在 IEEE80211a、ffiEE802.11b、IEEE802.11g 之后的版本，它采用了 MIMO 与 OFDM 相结合的技术。它可在 2.4GHz 和 5GHz 两个频段工作，它可提供 300Mbps 甚至高达 600Mbps 的传输速率。

如表 7-2 所示概括了 IEEE802.11 各个标准的特点。

表 7-2 IEEE802.11 标准的特点

IEEE802.11 标准	特点
802.11	最初的无线局域网标准，速率可达 1Mbps
802.11a	工作于 5GHz 频带，速率可达 54Mbps
802.11b	工作于 2.4GHz 频带，速率可达 11Mbps
802.11g	即可工作于 5GHz 频带，也可工作于 2.4GHz 频带，速率可达 20+Mbps
802.11n	即可工作于 5GHz 频带，也可工作于 2.4GHz 频带。速率可达 600Mbps

7.1 WiFi 定位技术

随着移动互联网业务的发展，涌现了如位置交友、周边搜索等创新的业务，这些业务重视用户体验，对定位的时延要求很高，在移动终端发起定位请求的几秒钟内就需要有定位结果。业务的使用场景也往往发生在室内没有 GPS 信号的地方。同时，业务对定位精度要求较高，但可以先有一个相对粗略的定位结果，等用户进入应用交互时再给出比较精确的定位结果。在这种场景下，GPS 定位和移动网辅助的 GPS 定位都无法满足使用区域和定位时延的要求、扇区定位无法满足定位精度的要求，而 WiFi 定位技术由于其定位速度快、精度较高和能进行室内定位的特征，则是这种场景下的最优选择。在实际应用中，往往采用了以 WiFi 定位技术为核心的、融合了 WiFi 和扇区、GPS 等多种信号源的混合定位技术。

7.1.1 WiFi 通信技术简介

WiFi 是 IEEE 定义的无线网技术，它是由"无线以太网相容联盟"组织制定的一种"无线相容认证"，改进基于 IEEE802.11 标准的无线网络产品之间的互通性是它的最终目的，以保证手机、笔记本、pad 等移动终端之间的无线互联。WiFi 技术足以成为近几年来最具有代表性的无线网络技术之一，根据美国科技杂志 2012 年做的一项问卷调查显示，WiFi 技术被评为近十年最佳科技发明，这足以证明其成熟可靠的产品体系和完善的技术标准深入人心的影响力。

WiFi 无线网络的出现改变了人们以前传统局限的有线上网模式，能够让用户摆脱复杂的电缆网线的束缚，而以一种方便、轻松、快速方式的无线访问互联网和娱乐，也为职场办公、室内娱乐等场合提供了一种方便快捷的上网方式。一个完整的 WiFi 网络由若干个无线网卡与 AP 接入点构成，在室外理想环境中 WiFi 信号传输有效距离可达 305m，如图 7-1 所示，一个典型的 WiFi 网络结构图，室内环境中的有效传输距离同样能够覆盖 50～70m 的半径范围的区域。

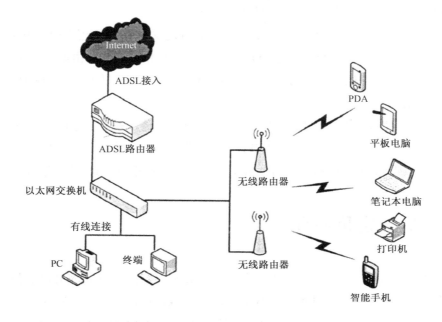

图 7-1　WiFi 网络结构

7.1.2　WiFi 网络特点

WiFi 目前广泛用于城市公共接入热点、家庭及网络办公。它具有很多优点。

（1）无须布线，无线是 WiFi 一个最大的优势。无线使得规划网络变得更加的自由，无须去考虑复杂的布线等工序，并且安装和设置网络变得很简单，非常适合家庭网络和移动办公网络使用。

（2）覆盖范围大，在覆盖范围上面，WiFi 一个热点的覆盖范围可达 100m，也就是说，在一栋楼，只需要设置几个热点，基本就可以实现信号的完全覆盖。良好的覆盖性使得 WiFi 非常适用于室内定位环境。

（3）综合成本低，WiFi 使用的频段无须许可证即可免费使用。在设置网络的时候，厂商或者电信运营商只需在需要使用 WiFi 的地点设置 WiFi 热点，然后通过高速网络将 WiFi 热点接入因特网即可。近年来智能手机爆发式的普及，若在 WiFi 环境中设计基于智能手机的定位系统，信号发射端和接收端的成本将会大大减少。

（4）传输速率较高，根据无线网卡使用的标准不同，IEEE802.11b 传输速率最高达 11Mbps，IEEE802.11 标准中的最高速率可达 54Mbps。近几年来，在研究领域，世界各地的研究团队不断刷新 WiFi 的数据传输速率。据报道，日本东京工业大学在 542Hz 的频率上实现了 3Gb/s 的数据传输速率。

（5）安全性高，在 IEEE802.11 的标准中，规定发射功率不超过 100mW 在实际应用中，规定的发射功率不超过 100mW 在实际应用中，无线路由器的发射功率一般在 50mW，而手机的发射功率最高可达 2W。由此可见，人们在 WiFi 环境中还是比较安全的。

（6）稳定性高，定位系统若基于信号强度进行设计，需要信号有比较强的稳定性。IEEE802.11 标准进一步提高 WiFi 信号的稳定性。它采用了智能天线技术，可保证用户接收到稳定的 WiFi 信号，其他的电子信号很难对 WiFi 信号造成干扰。

7.2　WiFi 定位原理

WiFi 信号接入点（AP）会周期性地广播 Beacon 信号帧，声明 WiFi 信号存在。带 WiFi 功能的移动终端即便不与 WiFi AP 建立数据连接，也能够从 AP 广播信号中得到 AP 的三个参数：AP 的 MAC 地址（又称为 BSSID）、AP 的名称（又称为 SSID）和移动终端接收到的 WiFi 信号强度 RSSI。每一个 WiFi AP 都几乎可以通过 AP 的 MAC 地址、SSID 唯一标识（还存在重复现象）。WiFi 定位的原理如图 6.1 所示。WiFi 定位平台有每个 WiFi AP 位置的数据库，移动终端可以检测周边 WiFi AP 的 MAC 地址、SSID 等参数，并将这些参数上报给 WiFi 定位平台的 WiFi AP 数据库查询，WiFi 定位平台根据查询到的 WiFi AP 的位置就可以估算出移动终端的位置。如果再加上移动终端接收的 WiFi 信号强度信息，可以估算出更准确的移动终端位置。图 7-2 所示为 WiFi 定位原理。

图 7-2　WiFi 定位原理

如图 7-3 所示就是 WiFi 探测软件 inSSIDer 的截图。从图上可以看到，对于 WiFi 接入点一般可以得到 AP 的 MAC 的地址、SSID 和接收信号强度 RSSI 等几项用于定位的信息。

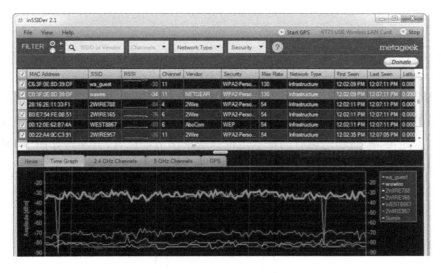

图 7-3　由 inSSIDer 软件获取的 WiFi 信息

WiFi AP 的网络环境异常复杂，WiFi 布网缺乏统一的规划和优化，WiFi AP 和 WiFi 终端的生产厂家众多，WiFi AP 和终端的性能差异巨大。尽管 WiFi 定位的原理简单，它还可以采用各种不同的 WiFi 定位算法来提升定位的精度。WiFi 定位的算法大致可以分为四类：简易算法、基于模型的算法、指纹算法和概率算法。由于 WiFi 协议的可扩展性，目前有很多 WiFi 定位算法扩展了 WiFi 接口的协议，使得有更多的 WiFi 信号信息被包括到定位算法中，这些信息往往能够提升定位算法的性能。由于扩展的 WiFi 协议不具备普适性，因此一般来说，在算法中只用到信息接入点的 MAC 地址、接入点名称 SSID 和接收机接收信号强度 RSSI，对算法的讨论也只限于使用者三个信息的算法。

7.3　WiFi 定位算法

无线定位方法根据定位的原理和依据不同可以分为如下几种类型，基于天线阵列的 AOA（Angle of Arrival，到达角度），基于无线电波传输时间的 TOA（Time of Arrival，到达时间），基于无线电波到达时差 TDOA（Time Different of Arrival，到达时间差），基于接收信号强度指示 RSSI 的定位方法 SOA（Strength of Arrival，到达信号强度）。其中 SOA 包括两类主要的定位算法，基于模型拟合的算法和基于经验数据的指纹定位算法。

7.3.1　TOA 定位方法

基于时间到达（TOA）定位算法基本思想：时间×速度=距离，首先节点间信号传输的速度是已知的，如果在传输数据中加入时间标识，那么接收节点就能确定节点间的距离，最后利用已有的基本定位算法求出节点位置，其原理如图7-4所示。

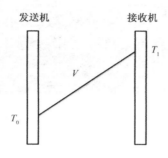

图 7-4　基于 TOA 定位的原理图

TOA 定位算法要求精确测定信号的传播时间，即接收时间与发送时间差，这就要求节点有较高的响应速度及处理时延的能力以保证严格的时间同步，这无疑提高了对硬件的要求，同时由于无线信号传播速度大，给实际中的测量计算带来很大难度，因此虽然 TOA 定位精度高，但是实际中使用的较少。

7.3.2　基于时间差到达（TDOA）

TDOA 定位主要的思想：发射结点同时发出两种不同信号，其传播速度不同，则其到达接收点的时间也不同，那么利用两种信号的到达时间差和其不同的传播速度，可以计算发射节点与接收点的距离，然后再利用基本的定位算法得出节点的坐标。其原理如图 7-5 所示。

假设发射节点发送的信号分别为射频信号与超声波信号，传播速度分别为 C_1、C_2，信号发送时间为 T_0，到达接收节点的时间为 T_1、T_2，两个节点之间的距离为 S，则有如下公式，即

$$S = (T_2 - T_1)\frac{C_1 C_2}{C_1 - C_2} \tag{7-1}$$

与 TOA 相比，TDOA 的精度更高，也没有严格的时间同步要求，但是其需要求传感器节点安装两种不同的信号收发器以便能够发射和接收两种以上不同的信

号，这对传感器的性能和功耗来说是个不小的挑战。

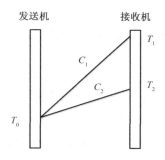

图 7-5　基于 TDOA 定位的原理图

7.3.3　基于到达角度（AOA）

AOA 定位主要的思想：接收节点采用天线阵列或者多个超声波接收机获得发射节点的信号方向，计算出两节点间的相对角度或者方位，然后通过三角测量法获得节点的位置。AOA 定位分为三个阶段：相邻节点之间方位角的测定、相对信标节点的方位角的测量、利用方位信息计算节点的位置，如图 7-6 所示。

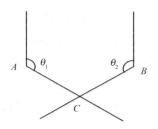

图 7-6　AOA 测距示意图

设 A 点坐标为 (x_1, y_1)，B 点坐标为 (x_2, y_2)，待测节点 C 的坐标为 (x, y)，有图 7.6 可以得方程为

$$\tan(\theta_1) = \frac{y - y_1}{x - x_1} \quad \tan(\theta_2) = \frac{y - y_2}{x - x_2} \tag{7-2}$$

基于 AOA 的定位不但可以实现节点的定位也可提供节点的方位，一次基于 AOA 的定位有着其他算法不具有的优越性，但是其在角度方位测量角度时，与基于 RSSI 算法中测量距离一样，外部环境会有较大的影响角度测量结果，具体因素有噪声、信号的折射反射、多径效应、非视距传输等。另外，要使用 AOA 定位，

必须为传感器节点安装天线阵列或者超神波发射机等硬件，而无线传感器网络的基本特点是大规模的、低成本的、微小型的、能耗低的、AOA 定位显然不太合适。

7.3.4 基于接收信号强度法（RSSI）的定位

无线电信号在传播的过程中会伴随着能量强度的损耗，通常能量强度的损耗和无线电信号的传播距离符合数学关系，定位节点测量到参考节点发射无线电信号的强度，利用经验模型将无线电强度转化为通信距离，基于 RSSI[34] 的测距方法正是利用这一点对参考节点与定位节点之间的通信距离进行测量。通信距离与无线电信号强度的关系表达式为

$$RSSI = P_t - P_L(d_0) - 10n \lg(\frac{d}{d_0}) + X_0 \qquad (7-3)$$

其中 d 为参考节点到定位节点的距离，单位是 m；d_0 为单位距离，通常取值为 1m；P_t 为发射节点的发射功率，P_L（d_0）为经过单位后的路径损耗；X_0 是标准差范围为 4～10 的均值为 0 的高斯随机数；n 为信号衰减因子，表示路径损耗的增大幅度与通信距离就更远[35],范围一般为 2～4。因此，只要定位节点测量到参考节点发射信号到达时的信号强度 RSSI 值就可以得到节点之间的通信距离 d。

基于接收信号强度指示的定位方法常见的两种是三角定位方法和指纹定位方法。定位的原理是利用接收信号强度与标准信号强度的获得，带入衰减公式，得到距离。由于 802.11 无线通信时接入点会发出标帧，带有接收信号信息，WiFi 定位大多使用基于 RSSI 的定位技术。

三角定位法利用待测点与三个已知位置的参考点的距离，来计算待测点的位置。计算方法可选择经验模型或者统计模型，依据具体环境而定。三角定位的原理如图 7-7 所示。

图 7.7 所示为三角定位的一种最理想的状态，即根据接收信号强度带入一种可靠的模型中换算成距离，得到待测移动终端与三个参考 AP 点的距离。参考 AP 点的位置已知，由此分别以 AP1，AP2，AP3 为圆心，到待测移动终端的距离为半径，得到三个相交的圆。在三个圆的共同交点处即待定位的移动终端的位置。

在理想状态外，还存在其他的情况。由于环境影响及多径传播等原因造成的距离计算误差，通常计算的值并不能得到恰好交于一个点的三个圆。而是会出现如图 7-8 所示的情况。

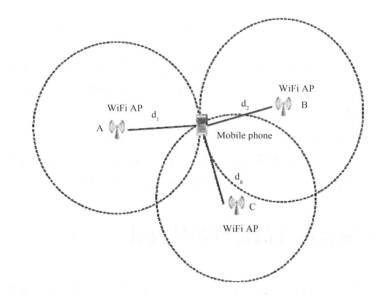

图 7-7　三角定位原理示意图

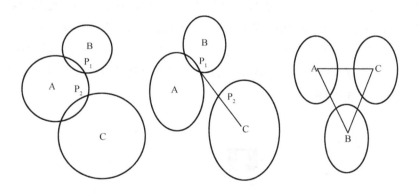

图 7-8　三角定位出现误差后的情况

这时候三角定位法无法进行计算。在实测数据中，出现了无法计算的情况时，则要抛弃数据重新采集无线信号。

基于指纹定位算法的定位精度比较高，但需要的数据量和数据处理的工作比较大。典型的指纹定位算法需要分为两个阶段，离线数据采集阶段和实时定位阶段。指纹定位算法的原理很简单，在一个布置了多个 AP 点的环境中，处于其中的移动终端所能接收到的各个 AP 的信号强度构成一个集合。每个位置可以采集到一个这样的信号强度集合，将这些信号强度与位置构成的指纹作为参考，待定位的移动终端设备所接收到的信号强度信息与测得的指纹库相对比，最相近的指纹即可作为待测终端的位置。指纹定位法的优点是精度高，精度可以达到 0.5m，但是较高的精度所付出的代价是采集更多的数据，而且指纹定位法对于环境的依赖度比较高，如果环境发生变化或者 AP 点的位置发生变化会使得原有的指纹库失去作用，需要重新采集数据，建立新的指纹库，这给定位系统带来不可预测的风险，基于指纹定位算法的定位系统健壮性也需要提高。

基于接收信号强度的两种定位方式三角定位和指纹定位都适用于基于 WiFi 的无线局域网络，而在城市中 WiFi 越来越多，设备成本较低的情况下，都可以很好的应用于室内外的定位，配合 GPS 定位构成无缝定位的系统。

7.4 基于位置指纹的定位系统设计

本系统的设计目标是在 Android 智能终端上实现实时 WiFi 定位系统，该系统包括客户端、数据服务器及定位服务器。为了使定位过程和服务器通信过程相对独立，分别设置了专门用于定位的 AP 热点和客户端与服务器之间的通信 AP 热点，可有效降低系统环境搭建的初期成本。本方案的系统框架如图 7-9 所示。其中的通信 AP 热点需要与局域网相连，保证定位区域内 WiFi 信号良好，确保数据传输及处理的及时性。客户端和服务器端通过 TCP 连接实现可靠传输。如图 7-9 所示，就是 WiFi 定位的系统框图。

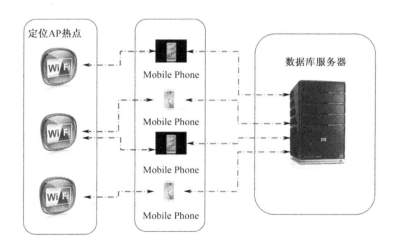

图 7-9　系统框架图

定位算法设计

在室内或室外环境下，由于信号传播途中受地形、障碍物的影响和人体的阻挡，将引起无线信号的折射、衍射等多径传播、多址传播，以不同的时间到达终端，造成传播信号在幅度、频率和相位上的改变。其使得在同一位置，不同时间采集到的RSS 值很不确定，即使在同一时间相同位置使用不同的定位设备采集到的 RSS 大小也会不同，会影响定位的精确性，无线信号传播的衰减模型难以良好地表征距离和信号强度间的映射关系。因此采用基于位置指纹的定位算法，同时针对造成定位误差的主要原因，提出了改进的定位算法以提高定位鲁棒性。

位置指纹定位是根据不同位置接收到的信号强度向量，建立相应的位置指纹数据库，通过实时采集的信号强度与数据库信号空间中储存的信号向量，根据一定的匹配算法实现定位。该算法能够在一定程度上减少多径效应的影响，增强抗干扰能力。目前，基于位置指纹的定位算法主要分为确定型和概率型，前者的计算效率较高，后者的定位精度较高，但是计算量较大，为了快速定位，采用确定型的位置指纹定位算法。位置指纹定位过程一般分两个阶段实现：离线采样阶段和在线定位阶段。离线采样阶段主要目的是建立位置指纹数据库，根据定位环境设计较为合理的采样分布图，遍历待定位区域内的所有采样点，将相应的信号强度、MAC 地址及位置信息等记录在指纹数据库中。数据库中数据的准确性决定了定位的精确程度，数据越精确，定位效果越好。在线定位阶段是利用 Android 手机在待定位点测得AP 的信号强度和物理地址，然后通过相应的匹配算法，在数据库中搜索与测量点相匹配的数据，从而估计用户的实际位置。位置指纹的定位过程如图 7-10 所示。

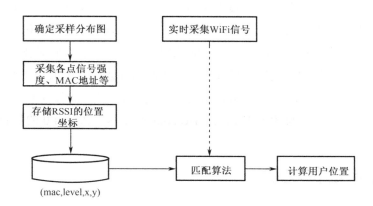

图 7-10　系统框图

第 8 章　蓝牙定位

近年来基于移动互联网的 O2O（Online To Offline）逐渐兴起。许多公共场所都开始广泛应用室内定位技术了。管理部门可以通过定位技术来掌握游客的基本动向，以及各个路段的流量，包括用户具体活动的内容和时间都可以定位到，以此来控制整个活动场所的情况。具体来说，采用室内定位技术使传统商业可以突破传统的限制，实现线上和线下互相引流，形成 O2O 闭环。

室内定位技术可以统计用户的兴趣、用户对时间和位置的敏感度，由此可以"私人定制"，将特定用户在特定时间、特定位置感兴趣的营销信息进行发送，避免群发的骚扰，实现精准营销。还可以根据客流动线热度图、顾客品牌喜好、品牌关联度等数据在时空上的深度挖掘，找出吸引顾客的方式方法，帮助商场进行品牌店铺的调整。然而相比于成熟的室外 GPS 定位，室内定位领域目前仍没有一套成熟的解决办法，室内定位不仅要求定位的精度高，还要求根据用户所处位置区域提供相应的服务。通过蓝牙 4.0 技术可以快速精准的定位用户所在区域，这一定位技术被业内统称为"微定位"（Micro-Location），并且可以实现快速进行信息交互。蓝牙 4.0 技术特点是在后台实时对用户进行定位和数据传输，因此，用户甚至只需要从口袋中拿出手机就能够看到自己感兴趣的内容，而这也恰恰是其相较此前 NFC 或者二维码技术的最大优势所在。以此为依据，本文选择基于蓝牙 4.0 传感器室内定位为研究对象，旨在研究室内用户感知的应用。一方面，根据最新技术分析，近两年的移动终端设备从硬件支持蓝牙 4.0 标准及低功耗蓝牙（BLE）技术，iOS 7 和安卓 4.3 最新的操作系统对蓝牙 4.0 技术提供系统级的支援。此外高通推出的 Gimbal 感应器及 Estimote 公司推出的 Estimote Beacons 都是基于蓝牙 4.0 的传感器。

8.1　蓝牙定位现状

随着通信技术和信息网络技术的快速发展，基于这些技术成果的应用开发成为经济发展和社会进步的重要任务。如今手机、PC、汽车、音响、电视等逐渐成为人们工作、学习和日常生活中不可缺少的消费类产品。人们在享受这些产品带来的方便的同时，希望能出现一种适合短距离、低成本、小功耗的无线通信方式，来实现不同功能单一设备的互联，提供小范围内设备的自组网络机制，并通过一定的安全接口完成自组小网和广域网的互通。蓝牙技术就是一种能满足上述应用需求的小范围无线连接、微小网自组网络的通信技术。蓝牙技术的出现和进步，显著地推动和扩大了现代信息技术成果的应用范围，不但可在个人区域内实现快速灵活的数据通信和组网。

1998 年 5 月，爱立信、诺基亚、东芝、IBM 和英特尔公司五家著名厂商，在联合开展短程无线通信技术的标准化活动时提出了蓝牙技术，其宗旨是提供一种短距离、低成本的无线传输应用技术。这五家厂商还成立了蓝牙特别兴趣组（sPeeialInterestCroup），以使蓝牙技术能够成为近距离无线通信技术标准，其目的是实现最高数据传输速率 IMb/s（有效传输速率为 721kb/s）、最大传输距离为 10m 的无线通信。芯片霸主 hitel 公司负责半导体芯片和传输软件的开发，爱立信负责无线射频和移动电话软件的开发，IBM 和东芝负责笔记本计算机接口规格的开发。1999 年下半年，著名的业界巨头微软、摩托罗拉、三康、朗讯与蓝牙特别小组的五家公司共同发起成立了蓝牙技术推广组织，从而在全球范围内掀起了一股"蓝牙"热潮。

1999 年 7 月蓝牙 SIG 公布正式规范 1.0 版本。2001 年以来，蓝牙产品陆陆续续进入市场，各大公司分别推出了自己的产品，Eriesson 推出了蓝牙移动手机及耳机，Motorola、Nokia 和 Aleatel 也推出了具有蓝牙功能的手机。东芝和 IBM 公司推出了蓝牙 PC 卡，用于笔记本计算机。IBM 和联想推出了具有蓝牙功能的笔记本计算机。还有，具有蓝牙功能的打印机、数码相机、手表和收音机也已推出。2004 年 12 月蓝牙 2.0 协议提出。蓝牙 2.0 标准的主要功能：数据传输速率是旧标准的 3 倍（某些情况下能够达到 10 倍）；支持更小的功耗;由于带宽的增大，简化了多连接管理;能够向后兼容旧版本蓝牙标准；具有更小的误码率。从而使得蓝牙的应用领域更加的推广。随着蓝牙设备的普及及其技术的发展,蓝牙将不仅仅是一个芯片，而是一个网络，由蓝牙构成的无线个人网也将无处不在。

2010 年 7 月蓝牙技术联盟（Bluetooth SIG）正式发布蓝牙 4.0 核心规范（Bluetooth Core Specification Version 4.0），并启动对应的认证计划。相关厂商可以提交其产品进行测试，通过后将获得蓝牙 4.0 标准认证。该技术拥有低功耗的特性，使用一粒纽扣电池可连续工作数年之久。蓝牙 4.0 是蓝牙 3.0+HS 规范的进一步扩充，具有低功耗和低成本等特点，根据其自身技术特点可广泛用于医疗保健、体育健身、家庭娱乐、安全保障等诸多领域。将三种不同款式的蓝牙技术集中于蓝牙 4.0 中，也就是将传统、高速和低功耗的技术集合在蓝牙 4.0 上，低耗能是与蓝牙 3.0 区别最大的地方。4.0 版本的功耗较老版本降低了 90%，更省电，这几年来，不但在手机、平板、耳机，以及车载导航等广泛使用蓝牙技术，而且蓝牙 4.0 技术还延伸到了穿戴设施及智能家居等新领域，而这些领域之所以用蓝牙 4.0 技术，是因为蓝牙 4.0 技术的耗能低。当今可穿戴设备及智能家居的相关产品，如智能手环、智能水杯等很多新的科技产品，都使用了蓝牙 4.0 技术。

蓝牙 4.0 支持两种部署方式：双模式（Dual Mode）和单模式（Single Mode）。双模式中，低耗能的蓝牙 BLE 全英文名即 Bluetooth Low Energy，经典蓝牙控制器可以集成 BLE 的功能，也就是将低功耗堆栈添加到（2.1+EDR/3.0+HS）这一经典蓝牙芯片上，而经典蓝牙的总体框架不变，所以改造过程中所用的费用极少。传统蓝牙和低功耗蓝牙对比，如表 8-1 所示。

单模式只能与蓝牙 4.0 互相传输无法向下兼容（与 3.0、2.1、2.0 无法相通）；双模式可以向下兼容可与蓝牙 4.0 传输也可以跟蓝牙 3.0、2.1、2.0 传输。

所用的设备应当是高度集成的单模式的设施再配备一个非常"轻"的连接层，这样就能够使模式耗能低，不但使设备复原简单、一点对多点所传送的数据很可靠，还能让联网传感器在蓝牙传输中安排好低功耗蓝牙流量的次序，同时还有高级节能和安全加密连接。

表 8-1 传统蓝牙和低功耗蓝牙对比

参数	传统蓝牙	低功耗蓝牙
时延	>100ms	<6ms
休眠电流	80 μA	<5μA
峰值电流	<30mA	<15mA
距离	15m	100m

蓝牙技术特点

蓝牙是一种低功耗的无线技术，主要优点如下。

（1）可以随时随地的用无线接口代替有线电缆连接。

（2）具有很强的移植性，可应用于多种通信场合，如 WAP，GSM（全球移动通信系统）、DECT（欧规数字无绳通信）等，引入身份识别后可以灵活地实现漫游。

（3）低功耗，对人体伤害小。

（4）蓝牙集成电路简单，成本低廉，实现容易，易于推广。

蓝牙技术提供低成本，近距离地无线通信，构成固定与移动设备通信环境中的个人网络，使得近距离内各种信息设备能够实现无缝资源共享。蓝牙技术工作在全球通用的 2.4GHZIsM（工业、科学、医学）频段，从而消除了"国界"的障碍。蓝牙的数据速率为 IMb/s。从理论上讲，以 2.45GHzISM 频段运行的技术够使相距 30m 以内的设备互相连接，传输速率可以达到 2MB/s，但实际上很难达到。任意蓝牙设备一旦搜寻到另一个蓝牙设备，马上就可以建立连接，而无须用户进行任何设置（可以理解为"即插即用"），在无线电环境非常嘈杂的环境下，其优势更加明显。

另外，ISM 频段是对无线电系统都开放的频段，因此使用其中的某个频段都会遇到不可预测的干扰源，例如，某些家电、无线电话、微波炉等，都可能是干扰源。为此，蓝牙技术设计了快速确认的跳频方案以确保链路的稳定。与其他工作在相同频段的系统相比，蓝牙跳频更快、数据分组更短，这使蓝牙技术系统比其他系统更稳定。

蓝牙技术目前主要以满足美国 FCC 要求为目标。对于在其他国家的应用，需要做一些实用性调整。蓝牙支持点对点和点对多点的通信。蓝牙最基本的网络结构是匹克网（Pionet）。匹克网实际上是一种个人网络，它个人区域（即办公室区域）为应用环境。需要指出的是，匹克网并不能够替代局域网，它只是用来替代或简化个人区域中的电缆连接。匹克网主要由主设备和从设备构成。主设备负责提供时钟同步信号和跳频序列，而从设备一般是受控同步的设备，并接收主设备的控制。在同一匹克网中，所有设备均采用同一跳频序列。一个匹克网中一般只有一个主设备，而出于活动状态的从设备目前最多可达 7 个。蓝牙 1.0 规范中公布的主要技术指标和系统参数如表 8-2 所示。

表 8-2 蓝牙技术指标和系统参数

工作频率	ISM 频段：2.42～2.480GHz	跳频速率	1600 跳/s
双工方式	全双工，TDD 时分双工	工作模式	PARK/HOLD/SNIFF
业务类型	支持电路交换和分组交换业务	数据连接方式	面向连接 SCO，无连接 ACL
数据速率	1Mb/s	纠错方式	1/3FEC、2/3FEC、ARQ
非同步信道速率	非对称连接：721Kb/s、57.6Kb/s、对称连接：432.6Kb/s	鉴权	采用反应逻辑算术
同步信道速率	64Kb/s	信道加密	采用 0bit、40bit 加密字符
功率	美国 FCC 要求小于 0dB（1mW），其他国家可扩展为 100mW	语音编码方式	连续可变斜率调制 CVSD
跳频频率数	79 个频点/MHz	发射距离	一般可达到 10m，增加功率情况下可达到 100m

8.2 蓝牙 4.0 室内定位技术

8.2.1 蓝牙 4.0 技术概况

2010 年 7 月蓝牙技术联盟（Bluetooth SIG）正式发布蓝牙 4.0 核心规范（Bluetooth Core Specification Version 4.0），并启动对应的认证计划。相关厂商可以提交其产品进行测试，通过后将获得蓝牙 4.0 标准认证。该技术拥有低功耗的特性使用一粒纽扣电池可连续工作数年之久。

蓝牙 4.0 是蓝牙 3.0+HS 规范的进一步扩充，具有低功耗和低成本等特点，根据其自身技术特点可广泛用于医疗保健、体育健身、家庭娱乐、安全保障等诸多领域。

将三种不同款式的蓝牙技术集中于蓝牙 4.0 中，也就是将传统、高速和低功耗的技术集合在蓝牙 4.0 上，低耗能是与蓝牙 3.0 区别最大的地方。4.0 版本的功耗较老版本降低了 90%，更省电。这几年来，不但在手机、平板、耳机及车载导航等广泛使用蓝牙技术，而且蓝牙 4.0 技术还延伸到了穿戴设施及智能家居等新领域，而这些领域之所以用蓝牙 4.0 技术，是因为蓝牙 4.0 技术的耗能低。当今可穿戴设备及智能家居的相关产品，如智能手环、智能水杯等很多新的科技产品，都使用了蓝牙 4.0 技术。

蓝牙 4.0 支持两种部署方式：双模式（Dual mode）和单模式（Single mode）。双模式中，低耗能的蓝牙 BLE 全英文名即 Bluetooth Low Energy，经典蓝牙控制器可以集成 BLE 的功能，也就是将低功耗堆栈添加到（2.1+EDR/3.0+HS）这一经典蓝牙芯片上，而经典蓝牙的总体框架不变，所以改造过程中所用的费用极少。

8.2.2 蓝牙 4.0 室内定位可行性分析

移动终端通过 BLE 可以接收一定范围内本地网络 BLE 发出的信息，同时该部手机还可以通过自身 BLE 功能转变为信号源，将信息传递给周围其他用户。BLE 在大型购物中心这些地方特别有用，同时 BLE 灵敏度也高于 GPS 或 WiFi。并且 BLE 信号有效范围在 160 英尺之内，并且不像近场通信（NFC）那样需要表面接触。

近几年来，蓝牙 4.0 技术已经扩散到所有的平板和智能手机中，不但如此，世界上的最为普及的 Android 系统、iOS 系统、WindowsPhone 系统也都支持蓝牙 4.0

技术,因此蓝牙 4.0 技术的广泛应用,说明了它的可行性极强[43]。2013 年 9 月 Apple 发布新一代移动操作系统 iOS7,微定位 iBeacons 作为其一项重要的新功能。iBeacons 是通过基于蓝牙 4.0 的低功耗蓝牙技术(Bluetooth Low Energy)进行一个十分精确的微定位,使用蓝牙 4.0 技术向周围还广播自己特有的 ID,接收到该 ID 的应用软件会根据该 ID 信息,识别相应的位置信息,并进行相关操作。

未来室内定位的需求是通过移动终端获取室内定位服务,而不需要额外设备,所以蓝牙 4.0 技术的普及,为其应用于室内定位领域提供了必要的条件。

8.3 蓝牙 4.0 定位系统设计

8.3.1 蓝牙 AP 部署方式

在设计实现基于低功耗蓝牙的室内定位系统时,在对蓝牙 AP 的部署上适当进行一些改进即可在一定程度上提高定位的精度,减小环境影响。因此,针对 AP 的部署给出以下一些建议。

(1)在部署低功耗蓝牙 AP 时,尽量让用户可能出现的所有位置上都能够接收到三个或者三个以上的蓝牙 AP 信号。

(2)蓝牙 AP 的部署尽量远离人为活动较为频繁的地方,或者使蓝牙 AP 与人为活动较为频繁的地方尽量隔有障碍物。

(3)在进行蓝牙 AP 部署前,尽量测量好蓝牙 AP 的最佳定位距离,在部署时使得蓝牙 AP 的部署距离保持在最佳距离。蓝牙 AP 的最佳定位距离在 6 米左右。但由于选用的蓝牙 AP 的品牌不同,在最佳定位距离上会存在差距。因此,若采用不同牌子的蓝牙 AP 可能需要重新测量最佳定位距离。

8.3.2 系统环境

系统使用佰睿科技的 Bytereal 作为蓝牙信标,芯片是 TI 公司的 CC2541 的蓝牙低功耗系统级芯片,如图 8-1 所示。

Bytereal 蓝牙信标参数,如表 8-3 所示。

图 8-1   Bytereal 蓝牙信标实物图

表 8-3   信标参数

参数项	值
蓝牙版本	Bluetooth4.0
广播功率	-4dBm
最大覆盖范围	50m
广播间隔	30ms
设备电量	100%
电池	CR2477T(1000mAh)
AP 尺寸	41×41×21mm

8.3.3   定位系统

整个定定位系统主要包括三大部分：蓝牙信标网络、移动设备及服务器，如图 8-2 所示。服务器用于记录每个移动设备的类型，收到的蓝牙信号强度及存储蓝牙信标在实验室内的坐标。只要用户的手机接收到蓝牙信标的信号强度及信标的 MAC 地址，我们就可以通过数据库找出蓝牙信标的坐标，利用算法估计出目标物体的位置。

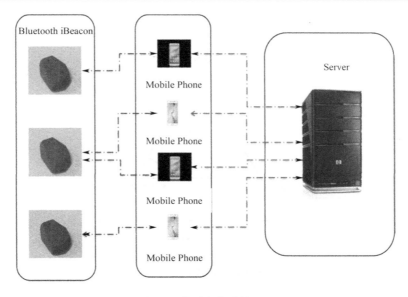

图 8-2　蓝牙定位系统设计

8.4　蓝牙定位算法

室内定位技术牵涉到很多技术标准，涉及到各个学科，因此从不同的角度入手，室内定位技术也会有不同的分类结果。下面我们主要介绍基于三角测量的定位技术和基于场景指纹的定位技术。

1. 到达角度测量技术

到达角度（Angle OfArrival，AOA）测量技术通过利用参考节点与移动节点之间的角度进行定位，原理如图 8-3 所示。

定义移动节点的坐标位置为 (x,y)，参考节点的坐标位置为 $(x_1,y1)$，(x_2,y_2)，a_1，a_2 分别是参考节点 1 和参考节点 2 与移动节点的方向角度，d_1，d_2 分别是参考节点 1 和参考节点 2 与移动节点的距离，由上图可以得

$$\begin{bmatrix} x \\ y \end{bmatrix} = \begin{bmatrix} x_1 \\ y_1 \end{bmatrix} - \begin{bmatrix} d_1 \cdot \cos a_1 \\ d_1 \cdot \sin a_1 \end{bmatrix} \tag{8-1}$$

$$\begin{bmatrix} x \\ y \end{bmatrix} = \begin{bmatrix} x_2 \\ y_2 \end{bmatrix} - \begin{bmatrix} d_2 \cdot \cos a_2 \\ d_2 \cdot \sin a_2 \end{bmatrix} \tag{8-2}$$

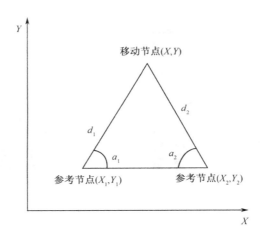

图 8-3　AOA 定位原理

其中，(x1,y1)、(x2,y2)及 a1，a2 已知，将上面两式联立，即可求得移动节点的坐标（x,y）。从原理可以知道，AOA 定位方法不需要与每一个天线作时间同步。然而 AOA 方法受外界环境影响较大，同时利用 AOA 方法需要增加定向天线等额外的硬件，不利于推广，所以应用具有较大的局限性。

2．达到时间差测量技术

基于到达时间差（TDOA）的定位方法分为如下三步：首先，测出两个接收天线接收到的信号到达时间差，然后，将该时间差转换为距离，并带入双曲线方程，形成联立双曲线方程组，最后，利用有效算法求解该联立方程组的解，即完成定位。

基于 TDOA 的定位方法利用了双曲线的特性——双曲线上的点到两焦点的距离之差为定值，原理如图 8-4 所示。

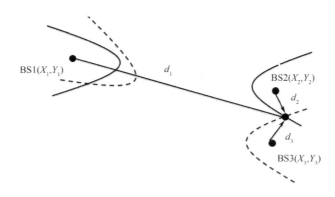

图 8-4　双曲线定位原理图

移动节点到双曲线的两个焦点的距离之差表示为

$$d_{21} = d_2 - d_1 = (t_2 - t_1)c - (t_1 - t_0)c = (t_2 - t_1)c \qquad (8\text{-}3)$$

设 x1=0，y1=0，可以得到

$$d_2^2 - d_1^2 = x_2^2 - 2x_2 x_m + y_2^2 - 2y_2 y_m \qquad (8\text{-}4)$$

将式（8-10）代入式（8-11）可以得到

$$(d_{21} + d_1)^2 = k_2^2 - 2x_2 x_m - 2y_2 y_m + d_1^2 \qquad (8\text{-}5)$$

其中 $k_2^2 = x_2^2 + y_2^2$。

将上式展开，得到

$$-x_2 x_m - y_2 y_m = d_{21} d_1 + \frac{1}{2}(d_{21}^2 - k_2^2) \qquad (8\text{-}6)$$

同样我们可以得到

$$-x_3 x_m - y_3 y_m = d_{31} d_1 + \frac{1}{2}(d_{31}^2 - k_3^2) \qquad (8\text{-}7)$$

写成矩阵的形式为

$$Hx = d_1 c + r \qquad (8\text{-}8)$$

其中 $H = \begin{bmatrix} x_2 y_2 \\ x_3 y_3 \end{bmatrix}, x = \begin{bmatrix} x_m \\ y_m \end{bmatrix}, c = \begin{bmatrix} -d_{21} \\ -d_{31} \end{bmatrix}, r = \frac{1}{2}\begin{bmatrix} k_2^2 - d_{21}^2 \\ k_3^2 - d_{31}^2 \end{bmatrix}$

那么移动节点的位置的 x 为

$$x = d_1 H^{-1} c + H^{-1} r \qquad (8\text{-}9)$$

从上面的公式可以得知，基于 TDOA 的定位系统定位精度相对较高。但是在实际使用过程中，蓝牙信号容易受到干扰，还受到路径传播的影响，所以实际中误差比较大。

3．时间达到测量技术

基于时间达到（TOA）的定位方法通过测量收发天线间直达波的传播时间来测距，进而利用相关算法实现定位。原理如图 8-5 所示。

定义移动节点和参考节点 i 的距离 d_i 为

$$d_i = (t_i - t_0)c, i = 1, 2, 3, 4 \qquad (8\text{-}10)$$

其中，t_0 为参考节点向移动节点发送信号的时间，t_i 为移动节点接收到信号的时间，c 为光速。

于是我们可以得

$$\begin{aligned} d_1^2 &= (x_1 - x_m)^2 + (y_1 - y_m)^2 \\ d_2^2 &= (x_2 - x_m)^2 + (y_2 - y_m)^2 \\ d_3^2 &= (x_3 - x_m)^2 + (y_3 - y_m)^2 \end{aligned} \qquad (8\text{-}11)$$

设 $d_1 < d_2 < d_3$，且 $x_1 = 0, y_1 = 0$ 时，可以得

$$d_2^2 - d_1^2 = x_2^2 - 2x_2 x_m + y_2^2 - 2y_2 y_m$$
$$d_3^2 - d_1^2 = x_3^2 - 2x_3 x_m + y_3^2 - 2y_3 y_m$$

(8-12)

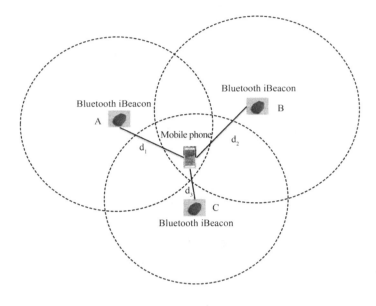

图 8-5 三角定位的原理图

然后通过矩阵运算得到移动终端的位置。在一般情况下，由于室内存在大量的非视距传播，导致 TOA 精度比较差，同时由于 TOA 定位至少需要 3 个参考节点，而参考节点的时间同步代价往往十分巨大，因此无法用于定位。为了解决这个问题，人们又提出了一种往返传播时间（Round-trip Time of Flight，RTOF）测量技术，该技术的定位原理与 TOA 测量技术相同，但是使用了相对时钟同步来代替 TOA 测量技术中的绝对时钟同步，然而相对时钟同步也使得该技术仅限于短距离定位的情况。

8.5 蓝牙定位的应用

目前，室内定位应用于很多领域。蓝牙室内定位应用在博物馆中，可以根据距离推送博物馆文物信息、自动打开后台视频全景展示文物。顾客可以用手机与商场内的蓝牙建立连接，商店可以推送打折商品及优惠券等，同时可以在大型建筑内实现自主导航。现在室内定位已经应用到了很多领域。

8.5.1　蓝牙在车展中的应用

2014 年 10 月 1 日，一年一届的天津梅江国际车展如期开幕。不同于往年的是，除了香车美女吸引观众的注目外，iBeacon 智能蓝牙导航也成为本次车展的一大亮点。北方网携手天津梅江国际车展，首度运用 iBeacon 蓝牙技术，结合 iBeaconCS 平台开发全新版本的车展 APP，内建蓝牙室内导航功能，让参观者运用智能手机便能轻松确定最便捷的参观路线。

该项技术应用苹果公司开发的 iBeacon 底层协议，与智能手机 APP 结合，方便用户在展馆内找到目标展位或者展品。这也是国际上将 iBeacon 技术应用在超大型展馆位置导航的首次重大突破。目前北方网已经获得多项国家专利，并成为中国大陆首批获得 iBeacon 相关产品苹果 MFI 资质的公司。

参观者只需要下载北方网汽车 APP，在展馆内开启蓝牙，就能轻松透过内建的展会平面图知道自己所处的位置，输入特定汽车品牌，APP 就能自动规划出步行的最佳路径，引导参观者前往。

随着移动应用的快速发展和人们生活节奏的日益加快，越来越多的人已经习惯使用手机应用优化自己的日常生活，寻找便捷服务。在展会规模变大，展台数量急剧增多的超大型展会上，开发一款提升参观体验的展会应用成为一种迫切的需求。北方网自主研发的智能蓝牙无线定位技术，不仅实现了室内定位引导的功能，还能作为基于物联网媒体的平台，帮助参展商全方位、多媒体展示商品和服务。同时应用内置多个互动模块，包括投票、调查、集品牌和寻宝等，带给参观者更好的互动体验，拉近参展商和观众的距离，为后续服务搭建起桥梁，全面提升展会高科技服务能力。本次车展是基于 iBeaconCS 平台开发的多个系列应用之一，未来还会将智能蓝牙技术应用在展会、商场、餐饮、旅游、户外媒体等多个行业，逐步把物联网应用带到用户的生活中。图 8-6 所示为各种基于蓝牙的 APP 设计。

8.5.2　蓝牙防丢器

你是不是常常因为找不到钥匙、遥控器、钱包等小物件而烦恼？甚至有时候还会想不起把宠物和小孩放哪了？现在这些问题都将因为一个小小的发明迎刃而解。只要你手上拿着手机，就可以轻松找到你想找的东西。"蓝牙贴"帮你找到小东西媒体来源：新浪科技　一家美国的技术公司发明了这种基于手机应用的"蓝牙贴"，可以贴在各种物件上。最重要的是，这款手机应用不仅具有能提示位置的蜂鸣器，还具有类似雷达的功能,让你可以"按图索骥"找到目标。蓝牙贴约为一枚硬币大小,可以通过黏合剂贴在各种物品、宠物或小孩身上,并发出低能量的蓝牙信号,覆盖范围约为 30m。目前,研究团队已经开发了适用于 iOS 和安卓系统的应用。该应用的第一个功能是提供了简单的雷达屏幕,可以显示出与所有配对的"Stick-N-Find"蓝牙贴的大致距离,但还不是确切的位置。目前该技术还不能确定遗失物的具体方位,因此使用者需要一边走一边看屏幕,以确定是不是不断接近目标。

图 8-6　基于蓝牙的 APP

第二个功能是"虚拟牵引绳"(Virtual Leash),即可以设置报警的声音,当手机与物体的距离超过预先设置范围的时候就会开始提示。这项功能可以用来追踪出去外面玩的小孩,或者在你要离开家的时候提醒你别忘了带钥匙。当然,这项功能也可以反过来提醒你不要让手机和钥匙等物件离得太远。

第三个功能称为"找到它"(Find It),即当你要找的东西进入手机应用的雷达范围的时候,会发出提示的声音。蓝牙贴使用的电池类似手表电池,可以工作一年左右。与蓝牙贴配套的还有可以远程触发的蜂鸣器和闪光灯。一个手机应用可拥有多达 20 个配套的蓝牙贴。Stick-N-Find 定位蓝牙贴由"SSI America"公司的工程师约翰·米茨(John Mitts)发明。该公司专攻小型的电子设备。

开发者约翰·米茨说:"跟许多人一样,我们也会经常丢三落四,于是我们就想，为什么不设计一个超小的、可以贴在不同东西上的蓝牙贴，这样就能很容易找到各种东西，还有宠物和小孩等。Stick-N-Find 还能产生声音或闪光，这样在夜里你也可以轻松地找到东西。你可以把它贴在任何地方，遥控器、钥匙、猫或狗的项圈，甚至是小孩的鞋子或背包上，这样他们在商场或运动场里就不会走丢了。"图 8-7 所示为蓝牙防丢器。

锁定你的贵重物品一键追踪
同时可连接4个Chaser报警器

图 8-7　蓝牙防丢器的应用

第9章 视觉定位

基于计算机视觉的目标定位是近年来发展起来的一种定位方法,其是利用视觉传感器取物体图像,然后用计算机进行图像处理,进而获得物体的位置信息。

目前,根据摄像机数目的不同,基于计算机视觉的目标定位方法可以分为单目视觉定位、双目立体视觉定位和全方位视觉定位。单目视觉定位方法是仅利用一台视觉传感器来完成定位工作的。双目立体视觉定位方法是仿照人类利用双目线索感知距离的方法,实现对三维信息的感知,即运用两个视觉传感器来完成定位工作的。全方位视觉定位是利用全方位视觉传感器来完成定位工作的。

9.1 单目视觉定位

单目视觉定位是基于摄像机数学模型建立空间目标特征点与图像特征点之间的对应投影变换关系,从而确定目标特征点位置信息的过程。空间目标与摄像机之间的相对位姿是单目视觉位姿测量的核心,也是单目视觉定位的重点。按照用于定位图像的数目,可以分为基于单帧、两帧及多帧图像的单目视觉定位。

9.1.1 基于单帧图像的单目视觉定位

基于单帧图像的定位就是根据一帧图像的信息完成定位工作,因为仅采用一帧图像,信息量少,因此,根据是否设置人工标志将基于单帧图像的单目视觉定位分为两类:一类是设置人工标志,另一类是无人工标志。

1. 设置人工标志的定位

设置人工标志的单帧图像视觉定位就是在特定环境内设置一个人工标志,人工标志的尺寸及在世界坐标系中的方向、位置等参数一般都是已知的,从预先标定好的摄像机实时拍摄的一帧图像中提取人工标志中某些特征元素的像面参数,利用其投影前后的几何关系,求解出目标的位姿信息。如何快速准确地实现模板与投影图像之间的特征匹配问题是其研究的重点。常用的特征元素有点、直线、二次曲线等。

（1）基于点特征的定位

基于点特征的定位，又称 PnP（Perspective-n-Point）问题，是机器视觉领域的一个经典问题。PnP 问题是在 1981 年首先由 Fischer 和 Bolles 提出的，即给定 n 个控制点的相对空间位置及给定控制点与光心连线所形成的夹角，求出各个控制点到光心的距离，如图 9-1 所示。该问题主要被用来确定摄像机与目标物体之间的相对距离和姿态。

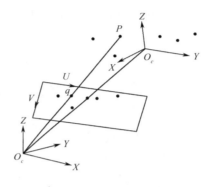

图 9-1　PnP 问题

经典的 PnP 问题从本质上来说是非线性的，而且具有多解性。目前对 PNP 问题的研究主要包括两个方面：设计运算速度快、稳定的算法，来寻找 PNP 问题的所有解或部分解。对多解现象的研究，即找出在什么条件下有 1 个、2 个、3 个或者 4 个解。PnP 问题的研究集中在对 P3P 问题、P4P 问题、P5P 问题的研究上。这是因为如果仅使用两个特征点，即 P2P 问题有无限组解，其物理意义是仅有两个点不能确定两点在摄像机坐标系下的位置。而特征点的个数应该大于五，PNP 问题变成了经典的 DLT 问题，是可以线性求解的。目前，人们对 P3P、P4P 问题已研究的比较清楚，并有如下结论：P3P 问题最多有 4 个解，且解的上限可以达到；对于 P4P 问题，当 4 个控制点共面时，问题有唯一解；当 4 个控制点不共面时，问题最多可能有 5 个解，且解的上限可以达到。对于 P5P 问题，当 5 个控制点中任意 3 点不共线时，则 P5P 问题最多可能有两个解，且解的上限可以达到。

（2）基于直线特征的定位

目前对于基于点特征的单目视觉定位方法研究较多，对于基于直线特征的单目视觉定位方法的研究还比较少。在某些特定的环境中，采用直线特征进行定位比采用点特征进行定位具有一定的优势。直线特征的优势表现在以下几方面：首先，自然环境的图像包含很多的直线特征；其次，在图像上直线特征比点特征的提取精度更高；最后，直线特征抗遮挡能力比较强。同时相对于曲线的几何特征，直线特征也具有优势，具体表现在以下几方面：首先，在周围自然环境的图像中，直线比其他的高级几何特征更常见，同时也更容易提取；其次，直线的数学表达式更简单，处理起来效率更高。因此综合来看，在某些方面采用直线特征进行视觉定位具有其他特征所不具有的一些优势，在实现高精度、实时自主定位方面有着广泛的应用前景。对于空间恢复，至少需要非共线的三个特征点来获得唯一解。如果使用直线，则需要三条直线，三条直线不同时平行且不和光心共面。目前，理论上研究最多的是利用三线定位的问题，即 Perspective Projection of Three Lines，以下简称 P3L 问题，如图 9-2 所示。

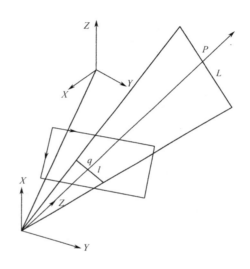

图 9-2　P3L 问题

对于 P3L 问题，大部分学者是通过图像直线和摄像机光心构成的投影平面的法向量和物体直线垂直来建立数学模型。这种方法要求确定物体位姿的三条直线不同时平行且不和光心共面，进而建立由三条直线构成的三个非线性方程。其数学模型可以描述如下：假设摄像机坐标系和物体坐标系之间的旋转矩阵为 R，已知空间直线 L_i 在物体坐标系下的方向向量为 n_i，经过旋转变换到摄像机坐标系下的方向向量为 $S_i=Rn_i$。由数学模型得到关于旋转矩阵 R 的关系式为 $L_i \cdot Rn_i=0$。因此只要通过三条直线的投影方程，就能通过解方程组得到矩阵的 R 三个参量，即可以求得 R 矩阵。这种方法有效地解决了使用直线特征如何进行视觉定位的问题，其中的不足之处是非线性方程组比较复杂，定位误差偏大。

基于直线特征进行单目视觉定位，大部分的研究集中在对定位数学模型的求解问题上。目前，求解的方法主要有两种，一种是闭式解，一种是数值解。闭式解方法的优点是实时性好，适合应用在实时系统中，缺点是存在多解问题，定位误差偏大。许多学者提出来各种不同的迭代方法来解决闭式解的多解问题，也就是数值解方法。数值解方法的优点是定位精度较高。其缺点是在优化过程中容易出现局部极小值，并不能保证解的唯一性；计算量偏大，迭代时间较长，不适合应用在实时系统中。综合来看，现有的直线特征单目视觉定位算法在定位精度和实时性上很难满足实际工程应用的需要，有待进一步的提高，因此，探讨并研究定位精度高、实时性好的直线特征单目视觉定位算法非常有必要。

（3）基于曲线特征的定位

曲线特征包括圆、椭圆、二次曲线等。对于基于曲线特征的单目视觉定位问题，很多学者作了这方面的研究工作。

对于曲线表面的物体，一些学者提出了使用曲线进行定位的方法，如图9-3所示。当用曲线进行姿态估计时，一定要对复杂的非线性系统进行求解。例如，对于共面曲线，它的姿态可以对两个四次多项式进行求解；对于两个非共面曲线，它的姿态可以对有六个二次多项式组成的非线性系统进行求解得到；当两个空间曲线共面时，可以得到物体姿态的闭式解。

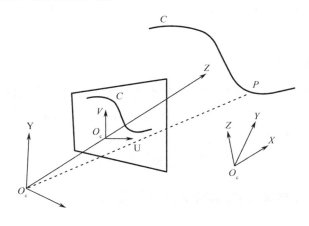

图9-3 曲线的透视投影问题

圆是很常见的图形，作为二次曲线的一种，也引起研究人员的关注，其定位方法如图9-4所示。一般情况下，圆经透视投影后将在像面上形成椭圆，该椭圆的像面参数与圆的位置、姿态、半径等存在着对应的函数关系，采用一定的方法对相应的关系求解即可得到圆与摄像机的相对位置和姿态参数。利用圆特征进行定位可以摆脱匹配问题，提高定位速度，但其抗干扰能力欠佳。

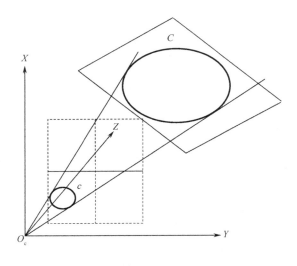

图 9-4　圆的透视投影问题

使用曲线定位的好处：首先，自然界许多物体的表面上有曲线特征；其次，曲线包含三维物体的全局位姿信息；最后，对曲线的表示是对称矩阵，因此数学处理起来很方便。在很多情况下，我们可以获得闭式解，从而避免了非线性搜索。相比其他两种特征，不足的地方是自然界中还是点特征和直线特征更普遍存在，具有广泛的适用性。

2．无人工标志的定位

无人工标志的单帧图像视觉定位是不通过人工设置特征而仅利用目标物的自然属性，如平行、正交等几何特性，再结合图像特征信息完成目标的定位。

设置人工标志的单帧图像视觉定位由于存在更多的已知信息，求解相对简单，而无人工标志的单帧图像视觉定位方法相对较为困难。

9.1.2　基于两帧或多帧图像的单目视觉定位

基于两帧或者多帧图像的单目视觉定位方法，其基本思路是通过改变摄像机位置来获取两帧或者更多的图像，然后利用提取的图像匹配特征点并依据空间物点与所成像点的投影几何变换关系得到摄像机坐标系和物体坐标系的空间位姿参数。其基本流程如图 9-5 所示。

单目视觉定位是利用单摄像机进行目标物的空间位姿参数确定，定位过程只需要一台摄像机，结构简单，使用方便灵活，已经广泛用于机器人导航、航天器交会对接、无人机姿态控制，以及工业现场测量等诸多领域。

图 9-5　两幅图像视觉定位流程

9.2　双目立体视觉定位

双目立体视觉直接模拟人类双眼获悉场景信息的方式，利用两个有一定间距、成一定角度的摄像机，同时分别摄取场景中的一幅图像，通过图像间的像素点匹配获得同一空间的在两幅图像中的像差，进而解算该点的三维坐标值来进行定位。

9.2.1　双目立体视觉定位原理

在平视双目立体视觉中，两个摄像机拥有完全相同的内部参数，平行放置且有一对坐标轴共线，故它们的光轴相互平行且成像平面共面，假设左摄像机 C_1 的摄像机坐标系为 $O_1x_1y_1z_1$，右摄像机 C_2 的摄像机坐标系为 $O_2x_2y_2z_2$，摄像机焦距均为 f，两个摄像机的光心距离为 b，对于任意一个空间点 P，在摄像机坐标系 C_1 下的坐标为 (x_1, y_1, z_1)，在摄像机坐标系 C_2 下的坐标为 (x_2, y_2, z_2)，在左摄像机拍摄到的图片中的图像坐标为 (u_1, v_1)，在右摄像机拍摄到的图片中的图像坐标为 (u_2, v_2)，则定位原理如图 9-6 所示。

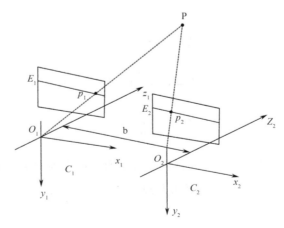

图 9-6　平行双目视觉模型

利用摄像机针孔模型，有

$$\begin{cases} \dfrac{f}{z_1} = \dfrac{u_1}{x_1} = \dfrac{v_1}{y_1} \\ \dfrac{f}{z_2} = \dfrac{u_2}{x_2} = \dfrac{v_2}{y_2} \end{cases} \qquad (9\text{-}1)$$

将世界坐标系设置为左摄像机 C_1 的摄像机坐标系，则此时世界坐标系与摄像机坐标系的关系为

$$\begin{cases} \dfrac{f}{z_1} = \dfrac{u_1}{x_1} = \dfrac{v_1}{y_1} \\ \dfrac{f}{z_2} = \dfrac{u_2}{x_2} = \dfrac{v_2}{y_2} \end{cases} \quad \text{###} \qquad (9\text{-}2)$$

利用式（9-1）和式（9-2）可以得

$$x_1 - x_2 = d \qquad (9\text{-}3)$$

$$\begin{cases} x_1 = \dfrac{z_1}{f} u_1 = \dfrac{z}{f} u_1 \\ x_2 = \dfrac{z_2}{f} u_2 = \dfrac{z}{f} u_2 \end{cases} \qquad (9\text{-}4)$$

因此可以得到

$$b = \frac{z}{f}(u_1 - u_2) \qquad (9\text{-}5)$$

则 P 点坐标为

$$\begin{cases} X = x_1 = \dfrac{z}{f} u_1 = \dfrac{u_1}{u_1 - u_2} b \\ Y = y_1 = \dfrac{z}{f} V_1 = \dfrac{v_1}{u_1 - u_2} b \\ Z = \dfrac{f}{u_1 - u_2} b \end{cases} \qquad (9\text{-}6)$$

由此可见，只要得到空间某点 P 在左右摄像头拍摄到的图像的像点坐标，就可以知道 P 点的三维坐标，即知道空间 P 点的三维坐标信息。

9.2.2 双目立体视觉定位过程

人类是通过双眼分别同时获取客观世界某一场景的二维图像信息，然后经过大脑视觉中枢的加工与处理，从而得到该场景三维信息。双目立体视觉的研究也是基于此原理的，即利用双 CCD 摄像机模拟人的双眼构成双目立体视觉系统，通过两个摄像机拍摄获取同一场景的两幅二维图像，然后利用相关算法找出两幅图像中的匹配点，并进行图像匹配，根据透视变换或三角测量原理可以得到场景的三维坐标及深度信息，就可以进行场景的深度信息提取与 3D 重建等。

一个完整的双目立体视觉定位系统通常可分为摄像机标定、图像获取、图像预处理、目标检测与特征提取、立体匹配、目标定位等六个步骤。双目立体视觉定位整体流程如图 9-7 所示。

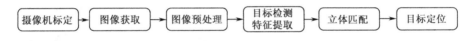

图 9-7 双目立体视觉定位整体流程

1. 摄像机标定

对于一个实际的空间物体，其表面某点的三维几何位置与其在图像中对应点的相互关系是由摄像机成像的几何模型决定的，而这个几何模型就是摄像机参数。摄像机参数分为外部参数和内部参数，外部参数是由摄像机相对于世界坐标系的位置和方向决定的，而内部参数是由摄像机的光学部件决定的。摄像机标定的过程就是为了确定摄像机的位置、内部参数和外部参数，以建立成像模型，确定世界坐标系中物体点同它在图像平面上像点之间的对应关系。

双目立体视觉的基本任务之一是从摄像机获取的图像信息出发计算三维空间中物体的深度信息进而实现定位，而摄像机成像的几何模型决定了空间物体表面某点的三维几何位置与图像中对应点之间的相互关系，这些几何模型参数就是摄像机参数。摄像机标定需要确定摄像机内部几何和光学特性（内部参数）和相对一个世界坐标系的摄像机坐标系的三维位置和方向（外部参数）。

2. 图像获取

双目立体视觉的图像获取是由不同位置的两台摄像机拍摄同一个场景，获取两幅不同视角的图像。目前流行的商业的双目立体视觉图像对的获取工具有美国 SRI

International 公司生产的 Small Vision System，加拿大 Point Grey Research(PGR)公司生产的 Buniblebee2，英国 Novo 公司生产的 Minoru 3D Wevcam，美国 Focus Robotics 公司的 Stereo Vision Camera 等多种双目立体视觉摄像头，如图 9-8 所示。用双目摄像头拍摄的立体图像对如图 9-9 所示。

www.nvela.com   www.focusrobotics.com   www.valdesystems.com

www.ptgrey.com   双目立体摄像头   www.visionst.com

www.tyzx.com   www.videredesign.com   www.minoru3dwebcam.com

图 9-8　目前流行的双目摄像头

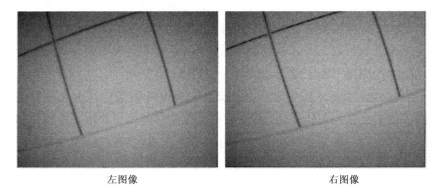

左图像   右图像

图 9-9　立体图像对

3. 图像预处理

立体图像对预处理包括两个方面：一方面要对原始立体图像对进行一般图像预

处理。因为二维图像由光学成像系统生成，包含了受环境影响各种各样的随机噪声和畸变，因此需要对原始图像进行预处理，以抑制无用信息、突出有用信息、改善图像质量。图像预处理操作主要包括图像对比度增强、随机噪声去除、滤波等。其主要目的有两个：改善图像的视觉效果，提高图像清晰度；使图像变得更有利于计算机的处理，便于各种特分析。另一方面，要对立体图像对进行立体校正。因为实际中的两台摄像机几乎不可能有准确的共面和行对准的成像平面，因此我们要对两台摄像机的图像平面重投影，使得它们精确落在同一个平面上，而且图像的行完全地对准到前向平行的结构上。目前有很多算法可以实现两个摄像机的图像行在校正之后是对准的，如非标定立体校正算法 Hartley 算法，标定立体校正的 Bouguet 算法等。图 9-10 所示为使用标定立体校正 Bouguet 算法对立体图像对进行校正后的示意图。

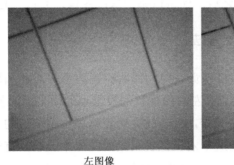

左图像　　　　　　　　　　　　右图像

图 9-10　立体校正图像对

4. 目标检测与特征提取

目标检测是指从经过预处理的图像中提取待检测的目标物体。特征提取是指从检测到的目标中提取出指定的特征点。由于目前尚没有一种普遍使用的理论可运用于图像特征的提取，从而导致了立体视觉研究中匹配特征的多样性。目前，常用的匹配特征主要有区域特征、线状特征和点状特征等。一般来讲，大尺度特征含有较丰富的图像信息，易于得到快速的匹配，但是在图像中的数目较少，定位精度差，特征提取与描述困难。而小尺度特征数目较多，但所含信息较少，因而在匹配时为克服歧义匹配和提高运算效率，需要较强的约束准则和匹配策略。良好的匹配特征应具有稳定性、不变性、可区分性、唯一性，以及有效解决歧义匹配的能力。

5. 立体匹配

立体匹配是指根据对所选特征的计算，建立特征之间的对应关系，将同一个空间物理点在不同图像中的映像点对应起来。当空间三维场景被投影为二维图像时，同一景物在不同视角下的图像会有很大不同，而且场景中的诸多因素，如景物几何形状和物理特性、噪声干扰、光照条件和摄像机畸变等，都被综合成单一的图像中的灰度值。因此，要准确地对包含了如此之多不利因素的图像进行无歧义的匹配是十分困难的，至今这个问题还没有得到很好的解决。立体匹配的有效性有赖于三个问题的解决：寻找特征间的本质属性，选择正确的匹配特征及建立能正确匹配所选择特征的稳定算法。

6. 目标定位

当通过立体匹配得到视差图像之后，便可以确定深度图像，并进行目标定位。

9.2.3 基于双目视觉的立体匹配方法

根据式（9-6）可知，要利用双目视觉获得物体的位置信息，需要知道的参数有焦距 f，摄像机之间的距离 b，物点在左右摄像机的投影点的横坐标的差 u_1-u_2，即视差。f 和 b 可以通过摄像机标定获得，视差成为确定物体位置信息的关键。在背景环境中正确获取目标后，如何在左、右摄像机采集的图像中选取具有空间位置一致性的目标标定点一直是双目视觉技术的难点和关键，立体匹配的结果直接影响到目标定位的精度。近年来，有许多学者对基于双目视觉的目标定位做了大量研究，依据其在立体匹配中选用的方法不同，将基于双目视觉的目标定位研究分为基于特征点的双目视觉定位方法、基于区域的双目视觉定位方法。一般立体匹配的流程如下。

（1）根据实际情况选择合适的匹配基元，是基于区域的还是基于特征点的，根据所选取的匹配

基元确定恰当的特征提取算法对图像进行特征提取。

（2）对提取到的特征进行优化，剔除一些特征不明显的点。

（3）对步骤（2）优化后的特征进行描述，生成能表征特征信息的特征描述子。

（4）选择合适的搜索策略寻求匹配结果的最优化，以相似性度量函数作为特征间相似性的度量，通过设置合适的阈值来判断是否匹配成功，最后利用立体视觉约束准则对得到的匹配结果进行约束，消除一些误匹配，得到最终的匹配结果，即左右图像中空间位置一致性的图像点。

1. 基于特征点的双目视觉定位方法

基于特征点的双目视觉定位方法是对左右摄像机图像的感兴趣区域(ROI)提取特征点，并对所提取的特征点进行描述和匹配以用于定位。选取恰当的特征点进行特征提取直接影响立体匹配算法的效果，目前，有许多学者对基于特征点的双目视觉定位方法做了大量研究，目前用于双目视觉定位比较具有代表性的特征有 Harris、SIFT、SURF 等。

1）Harris 特征检测

由 Harris 和 Stephens 提出的 Harris 角点检测算子是目前最流行的角点检测算法，同时也是首个应用于立体视觉测量中的一个特征提取算法。Harris 算法的基本原理是取以目标像素点为中心的一个小窗口，计算窗口沿任何方向移动后的灰度变化，设以像素点（x,y）为中心的小窗口在 X 方向上移动 u，Y 方向上移动 v，Harris 的灰度变化度量的算子表达式为

$$E(x,y) = \sum_{u,v} w(x,y)[I(x+u, y+v) - I(x,y)]^2 \tag{9-7}$$

Harris 角点检测算法应用于双目视觉定位中，具有计算量小、提取的角点特征均匀合理、可重复性好、图像噪声各向不变等优点。缺点是尺度和旋转不变性较差，当场景中角点特征不明显时检测失败率较高。

2）SIFT 特征检测

SIFT（Scale-Invariant feature transform）于由 David Lowe 提出的一种尺度不变的变换特征，SIFT 算法的实质是在不同的尺度空间上查找关键点（特征点），并计算出关键点的方向。SIFT 所查找到的关键点是一些十分突出、不会因光照、仿射变换和噪声等因素而变化的点，如角点、边缘点、暗区的亮点及亮区的暗点等。

Lowe 将 SIFT 算法分解为如下四步。

（1）尺度空间极值检测：对于二维图像 $I(x,y)$，在不同尺度下的尺度空间表示成一个函数 $L(x,y,\sigma)$，它是由一个变尺度的高斯函数 $G(x,y,\sigma)$ 与图像的 $I(x,y)$ 卷积产生的，即

$$L(x,y,\sigma) = G(x,y,\sigma) \otimes I(x,y) \tag{9-8}$$

其中，$\otimes$ 标示在 x 和 y 方向上进行卷积运算，而 $G(x,y,\sigma)$ 为

$$G(x,y,\sigma) = \frac{1}{2\pi\sigma} e^{-(x^2+y^2)/2\sigma^2} \tag{9-9}$$

SIFT 算法建议，在某一个尺度上对斑点的检测，可以通过对两个相邻高斯尺度空间的图像相减，得到一个 DoG（Difference of Gaussians）的响应值图像 $D(x,y,\sigma)$。然后，仿照 LoG 方法，通过对响应值图像 $D(x,y,\sigma)$ 进行非最大值抑制（局部极大搜索），在位置空间和尺度空间中定位斑点。其中

$$D(x,y,\sigma) = (G(x,y,k\sigma) - G(x,y,\sigma)) \otimes I(x,y) = L(x,y,k\sigma) - L(x,y,\sigma) \qquad (9\text{-}10)$$

其中，k 为两相邻尺度空间倍数的常数。

一个点与周围 8 个点及上下层的 18 个领域点进行比较，确定最大值和最小值，就确定了该点是图像在该尺度下的一个特征点。

（2）确定每个关键点的方向参数：利用关键点邻域像素的梯度方向分布特性为每个关键点指定方向参数，使 算子具备旋转不变性。

$$m(x,y) = \sqrt{(L(x+1,y) - L(x-1,y))^2 + (L(x,y+1) - L(x,y-1))^2} \qquad (9\text{-}11)$$

$$\theta(x,y) = \tan^{-1}((L(x,y+1) - L(x,y-1))/(L(x+1,y) - L(x-1,y))) \qquad (9\text{-}12)$$

其中，$m(x,y)$ 为 (x,y) 处梯度的模值，$\theta(x,y)$ 为 (x,y) 处梯度的模方向，L 所用的尺度为每个关键点各自所在的尺度。

以关键点为中心的邻域窗口内采样，并用直方图统计邻域像素的梯度方向，直方图的峰值代表了该关键点处邻域梯度的主方向，即作为该关键点的方向，当存在一个相当于主峰值 80% 的峰值时，则认为这个方向是该关键点的辅方向。

（3）生成 SIFT 特征向量：以关键点为中心取 8×8 的窗口。每个小格代表关键点邻域所在尺度空间的一个像素，利用公式求得每个像素的梯度幅值与梯度方向，然后用高斯窗口对其进行加权运算，每个像素对应一个向量，长度为该像素点的高斯权值，然后在每 4×4 的小块上计算 8 个方向的梯度方向直方图，绘制每个梯度方向的累加值，即可形成一个种子点。即一个关键点由 2×2 共 4 个种子点组成，每个种子点有 8 个方向向量信息。Lowe 实验结果表明：描述子采用 4×4×8＝128 维向量表征，综合效果最优。

（4）特征匹配：特征点匹配是指在找出图像的特征点后，寻找图像间特征点的对应关系。通常采用最近邻方法，即查找每一个特征点在另外一幅图像中的最近邻。理想状态下两幅图像之间相同部分的特征点应该具有相同的特征描述向量，所以它们之间的距离应该最近。

SIFT 算法对旋转、尺度缩放、亮度变化保持不变形，对视角变化、放射变换、噪声也有一定程度的稳定性，因此被广泛的应用于视觉定位，但其缺点是计算复杂度较高，导致实时性较差。图 9-11 所示为基于 SIFT 特征点的立体匹配算法示例。

图 9-11　基于 SIFT 特征点的立体匹配算法示例

Surf 特征检测

鉴于 SIFT 算法很难达到实时性要求，Bay 等人借鉴了 SIFT 的思想，并提出了 SURF（Speeded Up Robust Features）算法。SURF 方法整体思想流程与 SIFT 类似，但在整个过程中采用了与 SIFT 不同的方法。两者关键技术的对比如表 9-1 所示。

表 9-1　SURF 同 SIFT 的关键技术对比

	SURF 方法	SIFT 方法
特征点检测	用不同盒子滤波器进行卷积运算	用不同尺度的高斯函数进行卷积运算
方向分配	以特征点为中心，计算半径为6s 区域范围内的 x 与 y 方向小波响应值	以特征点为中心，计算领域范围内梯度直方图
特征向量	沿主方向将20s×20s 的图像划分为4×4个小块，每个小块利用尺度为2s 的应值进行统计 $\sum dr, \sum dy, \sum \lvert dx \rvert, \sum \lvert dy \rvert$，最终得到4×4×4=64 维特征向量	沿主方向将20s×20s 的图像划分为4×4个小块，计算每个小块利用8个梯度直方图，最终得到8×4×4=128维特征向量

2．基于区域的双目视觉定位方法

基于区域的立体视觉定位方法以区域立体匹配算法作为基础，进行目标定位。基于区域的立体匹配算法，基本原理是给定在一幅图像中的某一点，选取该像素点领域内的一个子窗口，在另一幅图像中的一个区域内，根据某种相似性判断依据，寻找与子窗口图像最为相似的子图，而其匹配的子图中对应的像素点就为该像素的匹配点。该方法假设该像素点的领域像素和该像素点的真实视差值相同。因此选择合适大小的子窗体至关重要。现实情况中，子窗体的大小很难选择，如果选择过大，在前景背景交换区域会出现误匹配，如果选择过小，区域内的灰度分布特性没有得到充分利用，匹配的歧义性比较大，准确度比较低。针对以上这些限制，就需要引入一些先验知识和约束，指导匹配算法进行改进，建立更好的像素之间的关系模型。

基于区域的立体匹配算法计算量很大，且精度差。一般在下列情况可以使用基于区域的立体匹配算法：所应用的图像应具有纹理特征，几乎没有或者很少有弱纹理或重复纹理区域；所应用的图像深度变化不是很剧烈，因为基于区域立体匹配算法是以在选好的子窗体内假设所有像素具有相投的真实视差值为前提。应尽量让两幅图像在相同的环境下进行采集，因为该立体匹配算法对光照、对比度和噪声比较敏感，会造成匹配结果不准确。

9.3　基于全方位视觉传感器的定位方法

鉴于传统摄像机视野范围的限制，使得单目视觉定位和双目视觉定位都不能同时获得周围所有目标的位置，1990 年日本东京大学 Yagi Y 等人首次将采用双曲反射镜面的全景视觉系统应用于移动机器人导航。接着，基于全景视觉系统的研究在世界范围内掀起了一股热潮，目前取得了较好的成果。而国内于 2003 年才开始有关全景视觉技术的研究，起步较晚，目前仍处于基础研究阶段。

综上所述，单目视觉定位方法虽然具有硬件结构简单的优点，但是其一般无法直接恢复目标的三维信息，利用连续获得图像的方法来获得景深，精度很难保证。双目立体视觉定位虽然直接模拟人的双眼，但其在定位的过程中，需要找出两幅图像中的匹配点，因为不同的对象需要不同的立体匹配算法，现在还没有一种立体匹配算法适合所有场合，因此找到一种合适的立体匹配算法是双目立体视觉定位的难点和重点。全方位定位方法虽然具有观察视野广，能够获得丰富完整的环境信息，但是全景图像存在着畸变较大，非线性变化强，提取的环境特征鲁棒性差等问题，在特征匹配时比较困难。而且全景视觉传感器获得的信息量过多，算法复杂度高，实时性大大降低。

第10章 位置指纹定位方法研究

位置指纹定位技术是无线定位技术中具有较高精度和可实施性的技术，它不需要额外的硬件设施，价格低廉，因此具有非常强的实用性。指纹定位源于数据库定位技术，它需要预先创建指纹数据库，指纹数据库里存放的是离线的信号强度和位置坐标。由于信号的多径传播对环境具有依赖性，在不同位置其信道的多径特征也均不相同，呈现出非常强的特殊性。位置指纹定位技术有效地利用多径效应，将多径特征与位置信息相结合，由于信道的多径影响在同一个位置点具有唯一性，可将多径结构作为数据库中指纹。待测点在同样环境中获取接入点发送的无线信号，将接收到的无线信号强度与数据库中指纹进行匹配，找出最相似的结果进行定位。位置指纹的定位精度与指纹大小、匹配算法等因素有关，其主要的缺点是离线工作量大，需要在实验环境采集指纹数据。指纹定位通过从多个已知接入点 AP 获取信号强度，然后利用获取到的信号强度进行模型计算，具体在定位实施时分两个阶段：离线训练阶段和在线定位阶段。指纹定位示意图如图 10-1 所示。

（1）离线定位阶段，首先在定位环境中部署 AP、确定采样点位置，使得每个采样点都能接收到无线 AP 发射的信号。在每个采样点放置信号接收装置（移动设备），记录接收自每个 AP 的信号强度，将这些信号强度值及坐标信息存入指纹数据库中，这样就唯一标识了这个采样点。对所有采样点采样结束后，构建完整的信号强度信息与对应位置关系的指纹数据库，即指纹地图。

（2）在线定位阶段，在待测点实时测量获取各 AP 的信号强度信息，并将其与位置指纹库中的信息进行匹配，将实测数据与预存数据进行匹配分析，从而估计待测终端的位置。现在使用广泛的匹配算法有近邻法、K 近邻法算法、K 加权近邻法、贝叶斯概率算法和神经网络算法。

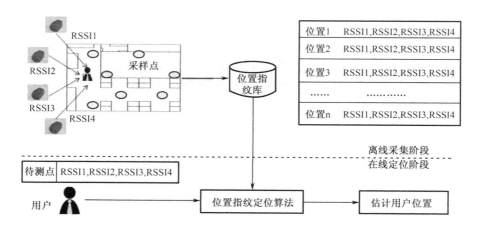

图 10-1　位置指纹定位示意图

位置指纹定位技术不需要事先知道 AP 的位置、发射信号强度等信息，不需要额外的硬件支持，易于在终端实现，因此，位置指纹技术现已成为目前基于室内定位技术的主流方法。指纹算法精度较高，大多可以在 3m 以内，但是它也存在不足之处：位置指纹定位方法是基于信号强度定位，因此能否接收到合理的信号强度对定位精度造成影响；现有的位置指纹算法在定位计算时将待测点接收到的信号与指纹数据库里指纹一一匹配，然后进行距离排序分析，这样会消耗大量的时间，影响定位的效率。

10.1　位置指纹定位算法

根据位置匹配方法的不同，指纹定位的算法可以分为确定性算法和基于概率的算法。确定性算法主要有最近邻法（Nearest Neighbor，NN）、K 近邻法（K-Nearest Neighbor，KNN）、K 加权近邻法（Weighted K-Nearest Neighbor，WKNN）、贝叶斯概率算法与神经网络算法。

10.1.1　最近邻法

最近邻法是最基本的指纹定位算法。在使用最近邻算法进行定位时，移动终端首先获取 AP 发射的信号强度，然后将此信号强度与指纹数据库中的指纹数据进行匹配，从而获取移动端的位置信息。NN 算法在匹配计算时如式（10-1）所示，D_i

为待测点的信号强度与第 i 个指纹之间的距离；S_j 为待测点接收自第 j 个 AP 的信号强度；f_{ij} 为第 i 个指纹接收的第 j 个 AP 发送的信号强度；I 为采样点的个数；$q=1$ 时代表曼哈顿距离，$q=2$ 时代表欧氏距离。通过计算移动端与所有指纹之间的距离，获取与移动端距离最小的那个位置指纹，并以距离最小的位置指纹的数据信息作为定位结果，即

$$\min(D_i), D_i = (\sum_{j=1}^{n}(s_j - f_{ij})^q)^{\frac{1}{q}}, i = 1,2,3\cdots I \tag{10-1}$$

10.1.2　K 近邻法

K 近邻法也是计算待测点采集到的信号向量与数据库中已有的信号向量之间的距离，它是在最近邻法的基础上进行改进的。最近邻法与 K 近邻法之间的区别在于 K 近邻法在匹配指纹数据库时，并不是选取与移动端接收信号强度 $S = (s_1, s_2, s_3, \cdots, s_n)$ 最近的那个指纹数据 $F_i = (f_{i1}, f_{i2}, f_{i3}, \cdots, f_{in})$，而是获取与移动端最近的 $K(K > 2)$ 个指纹数据，在计算距离时通常采用欧几里得距离方法来计算，距离越小说明匹配越成功，通过距离的值从小到大选择 K 个参考点，因此比近邻法具有更好的鲁棒性。其定位公式如式（10-2）所示，其中 (x_i, y_i) 是第 i 个指纹参考点的位置坐标，$(\bar{x}, \bar{y})$ 是计算结果 K 个指纹的平均距离，是通过 KNN 算法计算后待测点的估计坐标。

$$D_i = \sqrt{\sum_{j=1}^{n}(s_j - f_{ij})^2}, i = 1,2,3,\cdots I \tag{10-2}$$

$$(\bar{x}, \bar{y}) = \frac{1}{k}\sum_{i=1}^{k}(x_i, y_i) \tag{10-3}$$

10.1.3　K 加权近邻法

K 加权近邻法是在 K 近邻法的基础上发展来的，它在进行位置计算时选取 K 个指纹参考点，并不是直接计算这 K 个参考点的位置坐标的平均值作为定位结果，而是将这 K 个参考的位置坐标加权后求和，加权系数取 0~1，系数越大，说明这个指纹对定位结果影响越大。WKNN 定位公式如（10-4）所示，d 表示第 i 个指纹与移动终端之间的距离，ε 取很小的正数，是为了防止式中的分母为零。其加权近邻法的输出结果如下。

$$(\hat{x}, \hat{y}) = \sum_{i=1}^{k} \frac{\dfrac{1}{d_i + \varepsilon}}{\displaystyle\sum_{j=1}^{k} \dfrac{1}{d_j + \varepsilon}} \times (x_i, y_i) \tag{10-4}$$

10.1.4 贝叶斯概率算法

贝叶斯概率算法运用到概率统计的思想，它在进行定位运算时需要获取移动端接收的信号在定位区域中每个指纹参考点对应位置上的后验概率值，记作 $p(L_i|S)$。$p(L_i|S)$的计算式如式（10-5）所示。L 为指纹的个数；$p(L_i)$为移动端出现在第 i 个指纹的概率，在通常情况下为 $p(L_i)=\dfrac{1}{L}$，即

$$p(L_i \mid S) = \frac{p(s \mid L_i) \times p(L_i)}{\displaystyle\sum_{k \in L} p(S \mid L_k) \times p(L_k)} \tag{10-5}$$

由于在某个位置指纹处，接收到每个接入点 AP 是互不相关的，由概率的知识可知 $P(S|L_i)$的表达如式（10-6）所示，即

$$p(S \mid L_i) = p(S_1 \mid L_i) p(S_2 \mid L_i) \cdots, p(S_n \mid L_i) \tag{10-6}$$

由于每一个位置指纹处接收信号强度服从高斯正态分布，即 $p(S_i|L_i)$表达式如式（10-7），9 为待测点接收到第 i 个 AP 发射的信号强度值，L_i 为第 i 个指纹的位置，U 为 S_i 均值，δ为 S_i 的标准差，即

$$p(S \mid L_i) = \frac{1}{\sqrt{2\pi} \times \delta} \exp\left[-\frac{(s_i - u)^2}{2\delta^2}\right] \tag{10-7}$$

最后将 $p(L_i|S)$作为指纹数据库中的指纹参考点的权重，再按照式（10-7）估算出移动端所在的位置，其中 (x_i, y_i) 为第 i 个指纹参考点的位置坐标。

$$(\hat{x}, \hat{y}) = \sum_{i=1}^{i} p(L_i \mid S) \times (x_i, y_i) \tag{10-8}$$

10.2 室内定位精度的主要影响因素

由于室内环境的复杂性，无线信号在室内传播最终到达信号接收端时，信号会发生不同程度的衰减。影响的主要因素有以下几种：非视距传播、多径传播、阴影

效应。

（1）非视距传播

障碍物影响。由于信号发射端与接收端的直射路径之间存在尺寸大于其波长的障碍物，如墙壁、门窗、桌椅等，导致无线信号不能直线传播，在传播路径中会发生反射、折射，这样在接收端测得的信号无法获取信号发送端发送的真实数据。这种因障碍物阻挡而导致的信号衰减称为信号的非视距传播。

（2）多径传播

多个信号干扰。由于信号所处的区域存在多个无线信号同时发送数据，但由于信号所处的室内结构复杂，使得单一信号传播时会遇到障碍物发生反射、散射、绕射等影响，接收端接收的信号可能是多路无线信号强度的矢量和。这种因多个无线信号影响而引起信号失真的现象为多径传播。

（3）阴影效应

大型障碍物阻挡传播路径。信号在传播过程中可能会遇到大型物体的阻挡，如墙壁拐角、石柱等，导致信号骤降，在信号接收区域存在半盲区。接收端在这一区域无法获取信号，致使终端在移动过程中信号起伏变化。这种因大型障碍物的阻挡导致信号强度变化的现象称为阴影效应。

非视距传播主要影响 TOA 或 TDOA 的精度，而多径和阴影效应则主要影响 AOA 和基于 RSSI 参数的估计精度，同时也影响基于时间的定位算法。对于直接基于信号强度进行位置计算的无线定位方法来说，以上因素是影响定位结果的主要原因。但是位置指纹技术却充分利用了信号的多径传播效应，由于信号传播过程中易受地形或障碍物的影响，因为多径效应呈现较强的地理特殊性，对每个位置来说，该多径结构是唯一的，该多径特征看做是当前位置的指纹。

小结

本章重点介绍了基于位置指纹定位的研究背景，定位的两个阶段：离线定位阶段和在线定位阶段，指出了影响指纹定位精度的关键原因。最后分析了室内定位精度的几个主要影响因素，对于位置指纹定位方法来说，非视距传播、多径传播、阴影效应对定位精度影响较小，可通过 AP 的合理布置进一步缩小影响。

第 11 章　不同定位技术的比较

目前，在互联网、通信、传感器、射频识别等新技术的推动下，一种能够实现人与人、人与物、物与物之间直接沟通的全新网络架构——"物联网"正蓬勃发展，越来越多的领域都用到了物联网相关技术。根据信息产生到应用的整个过程，可把物联网系统从结构上分为感知层、传输层、支撑层和应用层。物联网感知层主要用于采集物理世界的各类信息，其中一项重要信息就是位置信息，位置信息是物联网很多应用和底层通信的基础。在物联网中用于获取物体位置的技术统称为定位技术，该技术是物联网感知层的重要技术之一。

在物联网诸多领域的应用中，对象的位置信息即定位起着越来越重要的作用。在很多情况下，我们用传感器、射频识别等设备或其他采集工具感知到的信息内容必须有位置的标识才可能有意义。例如，我们可以把传感器网络部署在森林里，如果发生火灾，消防员就需要立刻知道发生火灾的具体地点以便将火扑灭，这就要求那些用于检测火灾的传感器节点知道自己的位置，并在检测到火灾时将自己的位置信息报告给服务器，以便确定火灾的准确位置。纵观物联网应用领域，定位技术在物流运输、生产制造、交通、矿井、医疗保健等行业都有广泛应用，并且位置信息不可或缺，如何利用定位技术更准确更全面地获取位置信息，成为物联网时代一个重要的研究课题。

物联网领域现使用的定位技术主要有卫星定位技术、WiFi 定位技术、RFID 定位技术、ZigBee 定位技术、蓝牙定位技术等，下面对这些定位技术从定位原理、方法和特点等方面进行梳理和分析。

11.1　卫星定位技术

卫星定位系统主要有美国的 GPS、欧洲的 Galileo、俄罗斯的 GLONASS、中国的北斗，其中应用最广、使用最普遍的是美国的 GPS 卫星定位系统。这里重点分析 GPS 定位系统。

11.1.1　GPS 定位系统组成

GPS 定位系统由三部分组成：空间部分、控制部分、用户设备部分。空间部分主要由 21 颗可用卫星和 3 颗备用卫星构成，这 24 颗卫星均匀分布在 6 个轨道平面内，每个轨道有 4 颗卫星，空间部分主要功能是广播定位信号。控制部分主要由监测站、主控站、备用主控站、信息注入站构成，主要负责 GPS 卫星阵的管理控制，包括有效载荷监控、定位数据注入、定位精度保障、卫星维护和问题监测等。用户设备部分主要是 GPS 接收机，主要功能是接收 GPS 卫星发射的信号，获得定位信息及观测量，经数据处理实现定位。

11.1.2　GPS 定位原理和定位方法

（1）GPS 定位的基本原理是根据高速运动的卫星瞬间位置作为已知的起算数据，利用 GPS 接收器测量出的到卫星的距离，计算求出接收机的三维位置、三维方向，以及运动速度和时间信息，以得到待测点的位置。当 GPS 接收机能接收到 4 颗或四颗以上的 GPS 卫星信号时，就可以计算 GPS 接收机的位置。假设 t 时刻在待测点位置观测到四个卫星，并测出信号从该观测点到 4 个卫星的传播时间，便可以列出相应的 4 个方程式组成方程组求出观测点的位置。

（2）GPS 定位方法按待定点的状态不同可分为静态定位和动态定位；按定位模式不同可分为绝对定位（单点定位）、相对定位（差分定位）。

在进行 GPS 定位时，认为接收机的天线在整个观测过程中的位置是保持不变的，这种定位测量称为静态定位。静态定位优点是可靠性强、定位精度高，是测量工程中精密定位的基本方法；缺点是定位观测时间过长，多余观测量大。

在进行 GPS 定位时，认为接收机的天线在整个观测过程中的位置是变化的，这种定位测量称为动态定位。它发展速度最快，应用较广，尤其是实时动态（RTK）测量系统，是 GPS 测量技术与数据传输技术相结合的一种新的定位方法。从动态定位的精度来看，可分 20m 左右的低精度，5m 左右的中等精度，0.5m 左右的高精度定位。

绝对定位（单点定位）是根据一台接收机的观测数据来确定接收机位置的方式，它只能采用伪距观测量。优点是作业方式简单，可以单机作业；缺点是定位精度较低，一般为 25～30m。相对定位（差分定位）是采用两台或两台以上的接收机，同步跟踪相同的卫星信号，以确定接收机天线间的相对位置（三维坐标或基线向量）

的方法。它既可以采用伪距观测量，也可以采用相对观测量，它有较高的定位精度，具有伪距差分功能的 GPS 接收机的定位精度在 1～10m。

11.1.3　GPS 定位的主要特点

（1）优点

①能覆盖全球 98%的面积，并确保实现全球全天候连续的导航定位服务。

②室外定位精度高。应用实践已经证明，GPS 相对定位精度在 50km 以内可达 10～6m，100～500km 可达 10～7m，1000km 可达 10～9m。

③高效率、低成本，测站间无须通视。GPS 测量只要求测站上空开阔，不要求测站之间互相通视，因而不再需要建造觇标，这一优点可大大减少测量工作的经费和时间。

④操作简便，GPS 测量的自动化程度越来越高，只需要一台 GPS 接收机即可准确确定用户所在位置。

⑤GPS 不限制终端数，在 GPS 卫星信号不被阻挡的情况下，在地球上任何地点、任何时间，任何 GPS 终端都可以得到正确的位置和时间。

⑥功能多，应用广泛，可应用于军事、道路、车辆、船舶等导航多种应用中。

（2）缺点

需要终端内置卫星信号接收模块，定位精度受终端所处环境的影响较大。如果终端处于大型建筑物之间或者室内环境下时，能接收到的卫星信号太弱，卫星定位的精度将降低，无法进行定位计算而无法完成定位。所以 GPS 定位只适用于室外的应用场景，而且首次定位时间比较长，一般小于 40s。

11.2　WiFi 定位技术

WiFi 是一种短程无线传输技术，WiFi 定位技术是随着 WiFi 的广泛使用发展而来的一种新兴的定位技术，基于 IEEE802.11a/b/g/n 通信协议。

11.2.1　WiFi 定位原理

WiFi 定位技术将信号源变成 WiFi 的 AP，将定位流程的承载由移动信令网变成了普通的互联网。WiFi 信号接入点（AP）会向周围连续的发射信号，信号中包含 WiFi AP 的 ID（包括 AP 的 MAC 地址、AP 的名称等参数）及终端接收到的 WiFi

信号强度 RSSI 等信息。终端侦听周围的 WiFi AP 信息，选择信号最强的 AP 进行连接。WiFi 定位平台有每个 WiFi AP 位置的数据库，终端检测到周围 WiFi AP 的 MAC 地址、AP 的名称等参数，并将这些参数上报给 WiFi 定位平台的 WiFi AP 数据库查询。WiFi ID 具有唯一性，WiFi 定位平台根据查询到的 WiFi AP 的位置，WiFi 定位系统就可以根据 WiFi AP 的位置信息估算出终端的位置。如果再加上终端接收的 WiFi 信号强度信息，就可以估算出更准确的终端位置。

11.2.2　WiFi 定位方法

目前，WiFi 定位常用的方法有 TOA（到达时间）、TDOA（到达时间差）、AOA（到达角度）、RSSI（接收信号强度）测距方法、近似法、位置指纹法，其中位置指纹法是 WiFi 定位技术中用的较多的一种方法。

另外，还可以采用简易算法、基于模型的算法、指纹算法和概率算法等 WiFi 定位算法来提高定位的精度。

11.2.3　WiFi 定位的主要特点

（1）优点

①定位速度快。定位时间小于 3s，首次定位时延小于 2s。

②定位精度高。AP 密度越大、越密集定位精度越高，一般 3～15m。

③能进行室内定位。GPS 做不到。

④高带宽、高速率、高覆盖度。

⑤成本低。WiFi 网络应用覆盖广泛，可以利用已铺设的 WiFi 网络，施工简单，无须建设专用网络，避免网络的重复建设，可降低成本。

⑥强大的网络扩展功能，具有很强的兼容性。

（2）缺点

WiFi 定位受服务范围限制，没有方向、速度等数据，不能导航。WiFi 定位系统能耗较大。WiFi 布网缺乏统一的规划和优化。

11.3　RFID 定位技术

RFID 是一种通过发射或反射电磁波来传递数据的标签，利用 RFID 标签对活动的物体或人员进行定位，其服务范围基本上都是限于某个或某种特定场馆。

11.3.1 RFID 定位原理

RFID 定位技术主要由 RFID 标签和 RFID 阅读器两部分组成,是一种非接触式的自动识别技术。RFID 的工作需要标签和读写器配合,通过简单的电磁场原理完成信息交互,RFID 阅读器接收来自于 RFID 标签的信号,两者间的通信使用特定的射频信号及相关协议完成。

在 RFID 定位系统中,可采用接收信号强度(RSSI)定位。在目标区域大量布置信标节点,移动节点上附上一个 RFID 标签,根据 RSSI 和距离的关系(移动目标离 RFID 阅读器越近,其 RSSI 值越大,反之则越小),可判断出移动节点距离某一个参考节点的距离,进而在三个或三个以上参考节点的重复覆盖范围内,分别根据获得的 RSSI 值得出阅读器与参考点之间的距离,再根据三角关系计算出移动节点的位置。

11.3.2 RFID 定位方法

RFID 定位方法可以归类为距离估算法、场景分析法和邻近法。

11.3.3 RFID 定位的主要特点

(1) 优点

①识别速度快,阅读器能够同时处理多个标签,实现批量识别。

②实时性强,定位时间小于 1s。

③易于操控,读取方便快捷。使用寿命长,应用范围广,可以在各种恶劣环境下工作。

④体积小,可嵌入或附着在不同形状、类型的产品上。

⑤标签数据可动态更改。

⑥安全性好,成本低。

⑦穿透性好,能进行穿透性通信。

(2) 缺点

作用距离近。随标签和部署方式不同,定位精度变化也会较大。

11.4　ZigBee 定位技术

ZigBee 是根据 IEEE 802.15.4 协议开发的一种短距离、低功耗的无线通信技术。

11.4.1　ZigBee 定位原理

在待定位区域布设大量通过无线通信方式通信的参考节点,这些参考节点形成一个自组织网络系统。需要对待定位区域的节点进行定位时,在通信距离内的参考节点能快速的采集到这些节点信息,同时利用路由广播的方式把信息传递给其他参考节点,最终形成一个信息传递链并经过信息的多级跳跃回传给终端加以处理,从而实现对一定区域长时间监控和定位。

11.4.2　ZigBee 定位方法

基于测距技术的定位和不基于测距技术的定位。基于测距技术的定位主要有 TOA、TDOA、信号强度测距法;不基于测距技术的定位算法主要有质心法、凸规划定位算法、距离矢量跳数的算法。

11.4.3　ZigBee 定位的主要特点

（1）优点

①低功耗。ZigBee 的待机模式非常省电,其功耗远低于其他无线设备。

②时延短。ZigBee 的响应速度极快,从睡眠状态转入工作状态仅需 15ms,节点进入网络仅需 30ms。因此 ZigBee 技术适用于对实时定位要求较高的应用。

③网络容量大。最多一个主节点可管理 254 个子节点;每个主节点还可由上一层网络管理,最终可组成包含 65 000 个节点的网络。

④低速率。ZigBee 工作在 20～250kbps 的较低传输速率。

⑤低成本。ZigBee 通信协议简洁,降低了对控制器的要求。

（2）缺点

只能专网专用。因 ZigBee 的数据率较低,不适用于要求传输速率高的应用场景。

11.5 蓝牙定位技术

蓝牙是一种无线技术标准，可实现固定设备、移动设备和楼宇个人域网之间的短距离数据交换（使用 2.4～2.485GHz 的 ISM 波段的 UHF 无线电波）。蓝牙技术最初由电信巨头爱立信公司于 1994 年创制，当时是作为 RS232 数据线的替代方案。蓝牙可连接多个设备，克服了数据同步的难题。

11.5.1 蓝牙定位原理

主要利用的是蓝牙 4.0 的 beacon 广播的功能。一般应用场合是在室内，定点布置 beacon 基站。

（1）这些蓝牙 beacon 基站不断发送 beacon 广播报文（报文内含发射功率）。

（2）搭载蓝牙 4.0 模块的终端设备收到 beacon 广播报文后，测量出接收功率，带入到功率衰减与距离关系的函数中，测算出距离该 beacon 基站的距离。

（3）利用距离多个 beacon 基站的距离，即可实现多点定位的功能。

11.5.2 蓝牙定位方法

蓝牙定位的第一步是计算出参考节点和定位节点之间的距离。无须测距（Range-free）的定位算法实现定位是依靠网络连通性等信息来实现。无须测距的定位算法对硬件的依赖度较低，这也导致了此类算法的定位精度不高。无须测距的主要代表算法有质心算法（Centroid）、DVHop（Distance Vector-Hop）、凸优化（Convex）和 MDS-MAP 定位算法等。基于测距（Range-based）的定位算法在定位过程中需要节点间的角度信息或者距离进行测量，基于测距的定位算法大致有四种：基于时间到达、基于时间差、基于到达角度[18]和基于接收信号强度指示，如图 11-1 所示。

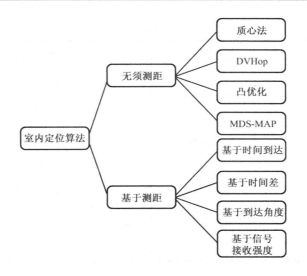

图 11-1　蓝牙定位方法分类

11.5.3　蓝牙定位的主要特点

蓝牙是一种低功耗的无线技术。主要优点如下。

（1）可以随时随地的用无线接口代替有线电缆连接。

（2）具有很强的移植性，可应用于多种通信场合，如 WAP，GSM（全球移动通信系统）、DECT（欧规数字无绳通信）等，引入身份识别后可以灵活地实现漫游。

（3）低功耗，对人体伤害小。

（4）蓝牙集成电路简单，成本低廉，实现容易，易于推广。

11.6　几种定位技术的比较

通过以上对 GPS 定位技术、WiFi 定位技术、RFID 定位技术、ZigBee 定位技术、蓝牙定位技术等定位技术从定位原理、定位方法、特点等方面进行的分析，我们可以看到这些定位技术各有其特定的定位环境和定位优势。在实际工作中，不同的场景、不同的环境、不同的定位要求下所选择应用的定位技术也有所不同，定位的广度和精度也不同，使用范围也不同。下面对这几种定位技术从提供服务的区域、定位精度、定位时间、应用场景等方面进行了比较（见表 11-1），以便在应用中根据实际应用范围的不同选择适合的定位技术来实现较为精确的定位。

表 11-1　几种定位技术的比较

定位技术	服务区域	定位精度	定位时间	应用场景
GPS	室外	小于 10m	约 2min	室外车辆、飞机、船舶定位导航、军事应用
WiFi	室内外	3～15m（AP 点越密集，定位精度越高）	小于 3s	有 WiFi AP 部署较密集的医疗保健、生产制造等场景
RFID	室内	3～10m（标签和部署方式不同，定位精度变化快）	小于 1s	需要对人员与物品进行定位的医疗、校园、商店物流、食品、工业生产、交通等场景
ZigBee	室内	3～10m	小于 1s	医院病人定位、煤矿井人员定位、设备定位等场景
Bluetooth	室内	0.5～5m	小于 1s	大型建筑物及商场、博物馆等场景

第12章 定位技术在不同行业中应用与实践

导航与定位在我国的经济生活中扮演着一个重要的角色。特别是我国研发了北斗卫星导航系统，具有定位、通信功能，打破了美国与俄罗斯在导航领域的垄断。导航与定位在测绘、电信、水利、气象、煤炭、公路交通、铁路交通、渔业生产、勘探、农业、森林防火和国防安全等诸多领域发挥着重要作用。

12.1 导航系统在铁路行业的应用

近十年来我国经济的飞速发展、流动人数的猛增和各种物资资源不平衡的分布对我国铁路运输提出了严峻的考验，铁路的安全运行也显得至关重要。

12.1.1 在列车定位系统中的应用

目前，GPS 全球卫星定位系统广泛应用于铁路系统施工、调度、救援和物流等诸多方面，自动化、信息化得到不同程度提高。为保障铁路运输安全可靠，采用"北斗_GPS"组合导航定位系统。从经济角度考虑，可首先在车站、通信站及调度所等核心节点增加北斗定位授时模块，与 GPS 系统定位和授时互为备份，更好地实现精确定位和授时的功能，提高铁路系统运行的安全性。

12.1.2 在铁路运输管理信息系统（TMIS）中的应用

TMIS 主要目标是实时地将列车、机车、车辆、集装箱、及所运货物的动态信息从各个信息采集点传输到铁道部中央数据库，中央数据库将收集的实时信息加工处理后提供给铁道部、路局、分局及主要站段的运输组织指挥人员，作为运输组织指挥的主要依据；提供货物运输的动态信息给货主，作为企业组织生产、适应市场变化的重要信息，从而实现对 2 万多列车、50 多万辆货车、60 多万集装箱及所运货物的实时动态追踪管理。利用"北斗_GPS"组合导航定位系统可以随时随地获取机车的运行信息，可以用于 TMIS 的多个子系统中。

12.1.3　在智能铁路运输系统中的应用

在智能交通（ITS）中，车辆导航定位技术是值得研究的核心内容，是实现智能化管理的关键技术之一。"北斗一号"系统虽然能迅速、准确、全天候地提供定位和定时信息，但在城市高楼区、林荫道、深山峡谷区、隧道等特殊地理地形，"北斗一号"用户机的功能可能会短时间"失效"。利用"北斗_ＧＰＳ"组合导航定位系统，对"北斗"定位进行修正和解算，不仅能提高"北斗"卫星导航系统输出用户位置信息的实时性，而且能够极大地提高定位精度。

12.1.4　在防灾安全监控系统中的应用

随着铁路发展，我国高速铁路、客运专线建设速度大大加快，逐步向高速化方向发展。然而，对铁路运输而言，行车安全至关重要，特别是随着列车运行速度的提高，任何灾害的发生都可能引发大的损失，轻者列车脱轨、线路停运，重者车毁人亡、线路桥梁遭受破坏性毁损。因此，建立铁路防灾安全监控系统是我国及世界其他国家在修建高速铁路时亟待解决的关键技术问题之一。本文主要提出以下两个方面的应用。

第一，监控点位置的选取。利用"北斗_GPS"组合导航卫星系统定位功能，在防灾系统前期布设监控点时，确定经纬度，定位监控点。

第二，对于泥石流滑坡监测。利用"北斗_GPS"组合导航卫星系统定位功能，通过对山体关键部位的位移等关键参数的实时监测，结合视频图像分析技术，对正在发生的泥石流滑坡发出紧急灾难告警信号。

12.1.5　在设备有效性检测中的应用

质量良好的设备，既是运输安全的物质基础，又是运输安全的重要保证。对于一些系统不便管理的前端设备，可以利用"北斗"卫星系统的短报文通信功能，定时与管理中心通信，告知当前状态。管理中心也可以向前端设备发送控制指令，实现对前端设备的简单管理。

12.2　卫星定位系统在交通运输中的应用

　　交通运输行业包含公路运输、内河航运、远洋运输、应急救援、交通物流等多个领域，具有点多、线长、面广等特点，卫星导航系统的应用对交通运输行业至关重要。据统计，当前 90% 以上的卫星导航系统用户集中在交通运输领域，可以说，交通运输行业是卫星导航系统最大的行业用户。北斗卫星导航系统（简称北斗系统）可广泛用于交通运输、农业、测绘、通信授时等社会生活的各个领域，交通运输是北斗卫星导航系统最大的应用行业。由于美国 GPS 在全球的发展优势，当前我国交通运输行业的卫星导航应用仍然处于被 GPS 垄断的局面，随着北斗卫星导航系统的发展，行业卫星导航技术的应用将逐渐从 GPS 转向北斗系统，逐步摆脱对 GPS 的依赖。

　　交通运输部通过政策引导和产业扶持，培育北斗产业市场，并针对交通运输行业需求，逐步组织实施北斗系统在交通运输行业道路运输、应急搜救、内河航运、海上运输、交通物流、公众出行、民用航空等多个领域的示范应用，利用行业优势，在北斗系统应用初期积极推动北斗应用的规模化。此外，还开展了技术标准制定、发展策略研究、北斗性能评估等工作。

12.2.1　卫星定位系统在智能交通系统中的应用

　　交通信息及通信子系统是基于北斗系统的智能交通系统的神经中枢，负责交通信息的采集、处理和分发工作。应包括信息采集、处理和发布分系统，如图 12-1 所示。

　　上述各分系统中，利用"信息采集"分系统，不仅车辆的位置可以由北斗车载用户机准确测量并提供到智能交通信息子系统中，其他采集信息部位，只需要结合位置信息，均可由北斗系统提供。其中，交通设施信息是智能交通管理数据的重要组成部分之一，作为交通运输的详细信息，例如，交通中的红绿灯控制信息、步行街、单行道、禁止左转等信息，公路交通中的路况、车道数、限速等有关交通运输专用信息在实际中经常发生变化，随时掌握交通设施的位置及变化，对交通管理，规划出行路线等至关重要。另外，各段路况的实时采集，包括各路段车流量、拥塞程度及道路条件等，这些实时信息可以利用雷达监测器、摄像机等实时采集，也可在采集的基础上由交管部门发布文字信息等。上述采集到的各种交通信息,除图像、视频、语音信息外,其文本信息(如位置、交通流量、道路设施变化情况等等)均可应用北斗系统的通信服务传输到信息服务器。各种交通信息经"信息处理"分系统(中心)处理后,通过"信息发布"分系统包括 3G/4G 网络、互联网、广播等发布交通信息,但是诸如有关路段事故、急救等紧急、重要的信息在通过陆基无线/有线通信通道传输的同时应该通过北斗系统的通信服务传输给监控中心及相关的北斗系统移动车辆用户终端,保证这些紧急、重要的交通信息在任何环境下不中断。

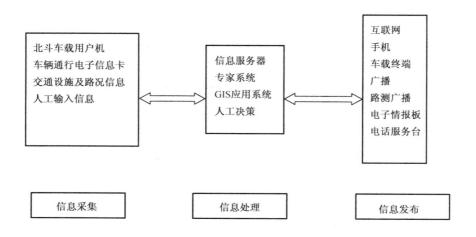

图 12-1　交通信息及通信系统组成示意图

12.2.2　北斗系统在 ITS 的交通监管子系统中的应用

交通监管子系统是智能交通系统中非常重要的一个子系统,可以对交通整体进行监测管理、指挥调度、及安全救助等,直接关系到 ITS 的实时、准确、高效功能的发挥。该子系统包括交通信息监管设备(软件)及通信指挥设备(软件)等。交通信息监管设备(软件)对交通信息及通信子系统的原始信息服务器和发布系统所发布的重要交通信息进行实时监测和进一步的处理,根据需要,筛选出监测对象,对其相应的状态信息、环境信息及趋势信息进行监控,通过其通信指挥设备(软件)对其监管对象实施指挥、调度、管理及安全救助等。监管过程中的通信手段包括北斗系统通信、3G/4G 等无线通信、互联网通信等,该子系统典型应用如下。

(1)交通信息查询。为监管中心提供监测对象的信息。用户能够在电子地图上根据需要进行查询,查询资料可以文字、语言及图像的形式进行,并在电子地图上显示其位置。同时，监测中心可以利用监测控制台对区域内任意目标的所在位置进行查询，车辆信息将在控制中心的电子地图上显示出来。

（2）交通流量监测。为了对交通态势进行多方面分析，利用北斗系统采集到的实时路况信息结合其他交通数据，对道路交通状况进行分析，提供某路段的实时流量，也提供由多条路段形成的道路交通状态。

（3）车辆跟踪。利用北斗系统和电子地图可以实时显示出车辆的实际位置，对重要车辆和货物进行跟踪运输，包括长途货运车辆、危险品运输车辆等重要监控对象进行跟踪监控。

如利用北斗系统可实现对运钞车、长途运输车等特殊交通工具进行实时监控。运钞车内安装北斗系统后，如果路途遭遇抢劫，押运员可触发报警装置，监控中心的电子地图将会自动显示报警车辆的位置、车

速、行驶路线等信息，同时系统自动将信息上传到公安部门的电子地图上，警方迅速调动警力进行围堵。在每辆长途运输车辆上安装数据存储器，时刻记录车辆的位置数据，定期将数据下载到控制中心，可以查看车辆是否按预定轨迹接送货物，以及途中停歇情况。

（4）公交车监控和调度。公共交通管理部门可以采用车辆监管系统对各车发回的信息进行综合分析，再将调度命令发送给司机，及时调整车辆运行情况，实现有效管理。同时，还可以推广使用电子站牌，电子站牌通过无线数据链路接收即将到站车辆发出的位置和速度信息，显示车辆运行信息，并预测到站时间，为乘客提供方便。

（5）出租车叫车服务。出租车叫车服务系统和监控系统互联互通，当客户用电话或者网络请求服务时，系统快速通过卫星导航定位系统找到离乘客最近的空载车并通知该车前往接送客人，经司机同意后马上答复客户载客出租车的车牌号和到达时间，从而实现快速响应。

（6）行车安全管理。通过对北斗系统位置信息的显示分析，能对道路上一些不安全的行为进行记录，以便事后及时处理与纠正，如超速行驶，在单行线上逆行，不按规定拐弯，不按交通限制行驶等情况。

（7）紧急援助。通过北斗系统定位和监控管理系统，可以对遇有险情或发生事故的车辆进行紧急援助，监控台的电子地图可显示求助信息和报警目标，规划出最优援助方案，并以声、光报警提醒值班人员进行应急处理。

（8）交通事故分析。运用系统中保存的北斗卫星系统信息，可将发生的交通事故重现出来，管理人员可根据当时车辆的行驶路线、方向、速度等得出事故发生的

原因。加快事故的确认和处理，使受阻的路段尽快恢复通行，提高道路交通运营能力。

12.3 卫星技术在地震行业中的综合应用

我国处在世界两个最活跃的地震带上，是一个震灾严重的国家，每年地震灾害都给我国造成巨大的人员和经济损失。特别是近年来，地震灾害呈上升趋势，一些大的、破坏严重的地震频繁发生，如 2008 年 5 月 12 日四川汶川 8.0 级地震，2010 年 4 月 14 日青海玉树 7.1 级地震等。地震本身不仅造成巨大的生命财产损失，而且因地震引发的次生地质灾害也会对生命财产安全造成巨大威胁，因此，准确预报地震的发生、监测灾情的发展、科学制定救灾方案，成为有效开展防震减灾工作的首要问题。

卫星技术在地震应急救灾中发挥重要作用。通过卫星遥感，地震应急救灾指挥部能及时获取震区的详细灾情信息。卫星通信在震区各种地面通信措施被毁坏的情况下成为灾区应急通信的主要手段。而北斗导航系统则在历次地震应急救灾中发挥了重要作用。随着地震行业防震救灾体系的进一步发展，传统单一的卫星技术已经不能满足其多样化的业务需求，急需卫星综合应用技术的支持。

地震行业卫星综合应用包含遥感数据接收、处理、分发到利用的完整流程，通过对卫星遥感、卫星通信及卫星导航三者优势的综合应用，为地震行业用户提供基于卫星技术的综合解决方案，简化终端用户遥感信息获取流程，提高遥感信息应用效能，提升地震行业用户的防震救灾水平。

12.3.1 地震行业卫星应用需求

随着我国防震救灾体系建设的进一步发展，卫星技术成为有效开展防震减灾工作的重要技术手段，卫星技术在预报地震、地震灾情监测、科学制定救灾方案方面发挥越来越重要的作用。卫星技术在地震中的应用需求主要体现在以下几个方面。

（1）震前监测预报

有效防御地震灾害的一个关键性工作是做好地震的短临预测，由于地震成因复杂，且具有突发性和不可量化性，因此，如何准确地预报地震已成为当今科学界的一大难题。

遥感技术成为一种影像遥感和数字遥感相结合先进、实用的综合性交叉探测手段，它以其获取信息范围大、数据更新快、可多方位全天候动态监测的优势，因而可为地震预测提供一种新的手段。

（2）震后应急救援

现代遥感技术通过高分辨率遥感卫星能够快速掌握灾区全面宏观的受灾情况，并进一步提供更为详细的受灾类型、位置和程度信息，进而能够准确地判断出公路、铁路、飞机航道等各种交通的受损情况，并通过图像处理、信息提取与分析来确定坐标、高程等地理要素，为抢险救灾提供快速、准确的决策依据，帮助相关部门迅速实施救援工作。

12.3.2　震后灾情监测与评估

地震灾害常会引发大范围的崩塌、滑坡、泥石流、堰塞湖等次生灾害，次生灾害带来的人员、财产损失也不容忽视。因此对震后灾害动态监测的重要性不言而喻。现代遥感技术具有获取信息速度快、信息量丰富的特点，能够针对突发自然灾害灾情不断变化，次生灾害繁多的问题，实时监测。将现代航空遥感、卫星遥感和地理信息系统相结合应用于抗震救灾工作，可快速获取震后的各类信息，动态更新数据，并通过对比、处理、分析、翻译，制作防震救灾专题图。

12.3.3　系统组成

地震行业卫星综合应用系统由卫星综合应用服务中心、卫星专业应用服务平台和卫星综合应用终端平台组成。地震行业卫星综合应用系统组成框图如图 12-2 所示。

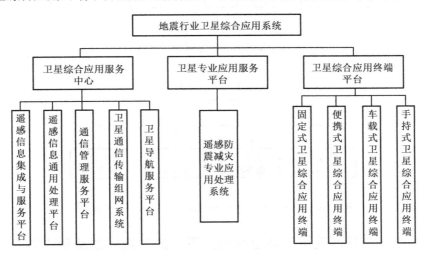

图 12-2　地震行业卫星综合应用系统组成框图

12.4 北斗系统在旅游行业中的应用

通常来讲，旅游景区中使用北斗导航定位系统主要由管理、通信、业务及终端等部分构成，其中管理部分主要包括景区资源管理和调度指挥管理，通信部分包括CDMA、WiFi、GSM 及北斗通信等通信网络，业务部分主要包括公网通信和北斗通信等服务器，终端主要包括车载终端和个人终端两部分。其中业务平台是整个系统的基础部分，其能够提供数据的接入、存储、处理及分布服务等，而各个终端能够实现对自己位置信息的实时感知，并通过一定的通信方式传输信息，如图 12-3和图 12-4 所示。

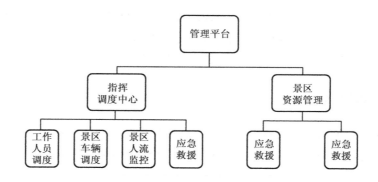

图 12-3 北斗卫星导航系统旅游景区管理平台框架图

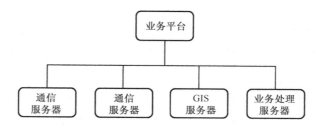

图 12-4 北斗卫星导航系统旅游景区业务平台框架图

12.4.1 在旅游景区使用北斗卫星导航系统的常规问题及解决方案

作为旅游景区，每天面对成百上千的游客，怎样能确保游客能安全旅游呢，也就是说怎样来应对景点资源有效调度、危险区域告知、车辆监控、人流分布等问题？而通过在旅游景点导入北斗卫星导航系统就可对以上问题进行有效的解决，而具体的解决主要包括以下几部分：（1）通过北斗服务终端给予的位置信息，对旅游景区内的自然资源、地理分布、景区基础设施及景区内工作人员做全面、及时的感知，通过对景区工作人员做一定的可视化管理，最终使得景区完成智能化的运营管理；（2）在研发的北斗终端上进行相关景区导游软件的配置，软件根据游客所在位置信息，帮助游客选择景区中的旅游路线及进行相关景点介绍等导游服务，使得游客的旅游更加便利舒适；（3）在研发的北斗终端上通过对游客所在位置的感知，然后通过终端告知游客一些军事禁区及危险地带所在方位，并及时为游客示警；（4）北斗终端应该还配备求救功能，一旦游客出现危险，其可通过该终端第一时间进行求救，并获得援助，而救援中心也可通过游客所持终端，确定游客所在位置，以便最快的完成救助；（5）另外，在一些旅游景点地区，现有的网络通信会存在一些盲点，而通过北斗卫星导航系统中短报通信功能正好对其进行解决，其能够使得游客在一些网络覆盖不到的地方与外界形成联系，最终最大限度的保证游客安全。

12.4.2　斗卫星导航系统在旅游行业中应用的一些相关模块及终端

对于北斗卫星导航系统在旅游景点中的应用来说，其主要包括手持终端和车载终端这两种终端。其中手持终端主要包括景点工作人员和游客随身携带的 PDA、智能型终端等。对于 PDA 来说，其能够直接接收北斗卫星提供的信号并能够实时完成对自身位置的确定，并可利用公共通信网络（主要包括 3G、CAMA、GSM、景区架设的 WiFi 等）将一些紧急情况及位置信息传送至指挥中心。除此以外，PDA 还能够进行导游应用软件安装，完成用户的自助导游；而智能型终端则主要为工作人员配置，其除了具备 PDA 上面的一些功能外，还安装了一些管理软件，管理中心可通过这些软件对工作人员实现统一调配。而对于车载终端来说，其是旅游景点车辆的专用终端，除了拥有手持终端几乎所有功能外，还在其上安装有大量的管理应用软件，管理中心能够通过这些软件来实现对整个景区所有车辆及工作人员的动态调配。

旅游景区导入北斗卫星导航系统后，景点内所有的车辆均会安装车载终端，此时车辆管理中心就可直接对景点内的所有车辆位置进行监控，及时的获知车辆所在位置信息，利用 GIS 系统和车辆位置信息相结合，就可清晰的掌握车辆轨迹，然后实现对车辆的指挥调度，并且，还可通过一些报警功能，对景区内的车辆违规信息等进行收集，以进行相关提醒，最终完成对景区所有车辆的科学化管理。而对于人们所手持的各类终端，调度中心可将这些信息汇总统计，并根据已知数据库对游客流量趋势进行预测，并将相关信息发送至人们手持的智能终端上，以实现对游客的及时分流。

每个人的终端上均具有紧急救援模块，该模块具备应急预案及应急响应系统，所有终端上均配置了报警键，该键能够完成直接报警功能，该软件不但能够保证游客的报警信息及时的传达至旅游服务中心，而且旅游服务中心还能够第一时间对游客遇险区域进行定位，以最快实现对游客的救援。

旅游景点导入北斗卫星导航系统后，每个工作人员将配备一台专用的智能终端，其主要可实现调度指挥功能和一些作业功能，首先，终端将工作人员的具体时空信息上传至调度中心，调度中心根据这些信息对工作人员进行科学调度和派遣，其次，智能终端中的软件可以根据工作人员具体所在位置，实现工作人员与工作有关的一些信息收集及标注等作业，最终有效完成。

12.4.3　总结

总而言之，我国北斗卫星导航系统在旅游景点的导入，将直接对旅游景点中存在的很多问题进行解决，其首先完成了整个景点的智能化管理，其次，其集合现代地理位置信息技术、现代通信技术对游客安全旅游提供了进一步的保证，是提高游客满意度，推进整个旅游行业信息化的重要举措。

12.5　室内定位技术在医疗行业中的应用

近年来，随着智能手机、医疗物联网应用及无线网络技术的成熟，医院室内定位导航技术作为一种改善就医体验、提高管理效率的增值应用而备受关注。

1. 室内地图导航

即使大部分医院在门诊会有楼层分布图及科室引导标志，很多人还是在就医过程会因为迷路或寻找科室耗费时间，有些人也为在医院停车厂找不到自己的车或停车位而苦恼。近两年，基于 WiFi 和智能终端的掌上医院应用而生。掌上医院定制化开发医院室内地图，同时可以结合医院挂号与分诊系统，提升用户就医体验。

在停车场，借助掌上医院，就医前可以提前了解停车场拥堵情况，是否有车位。如果没有，可以提前分流，避免拥堵带来不必要的时间浪费。如果车位空闲，进入停车场后可以借助室内地图，迅速找到车位，并标记停车位置，方便就诊结束后迅速回到车位。

在门诊楼，借助室内地图导航功能，不但可以快速找到去一个科室的路径，如果需要到达多个科室，室内导航功能可以结合各科室拥挤情况，规划出最短路径及最少耗时的路径。根据定位与挂号信息，医院将会推送预计等待时间与排队信息到掌上客户端，病人可以自由安排时间而无须一直在门口排队。同时，医院可以向病人推送与就诊内容相关的医疗常识和养生保健等内容，也可以推送医院周边的住宿、餐饮等信息。

2．人员资产定位

随着物联网技术的成熟，基于 WiFi 和 RFID 的有源标签的产生，使得人员和资产的定位变为可能。给医院中的贵重设备配置有源标签，一方面可以通过无线网络实时定位，确定设备的具体位置与工作状态，从而防止设备被盗，并回溯设备的运动轨迹。同时，医院在设备清点时，通过查询连接网络的 WiFi 有源标签，可以快速查看设备的类型、状态、位置，提高工作效率。RFID 人员定位系统，一方面可以结合门禁系统，方便不同权限的人员进出相应区域，如感染病房、手术室等。另一方面，部分 RFID 标签支持自定义键，如果将自定义键设置为报警键，当患者出现生命危险，或者医患纠纷出现时，医护人员可以通过触发自定义按键，结合定位系统，快速定位人员位置，防止意外事件发生。

3．医疗大数据

基于 WiFi 定位的大数据分析已经在各行各业兴起，越来越受到人们的关注，医疗行业也不例外。在门诊，借助 WiFi 定位终端的移动路径及停留时间，医院可以分析科室设置、就医流程的合理性，也可以根据各科室人员拥挤程度智能分诊，通过流程再造提高运营效率，提升就医体验满意度。

12.6　室内定位技术在大型博物馆中的应用

在全国大力弘扬文化大发展的新形势下，博物馆作为历史、文化的宣传教育机构及全国青少年教育的重要基地，每天要接待大量的观众，为满足观众对涵盖藏品的历史文化的求知欲，在信息化技术迅速发展的今天，我们博物馆人应积极应用计算机、网络等高新技术来提高博物馆的服务质量，为观众营造一个舒适优雅的现场参观环境，满足观众对展品各种层次了解的要求，使观众观有所悟，学有所得。智能移动的导览服务及其他公众服务的优势已逐渐为博物馆人所认可。所谓智能移动设备一般可以认为是具有应用程序安装、使用广泛性、易用性，软硬件可靠性、多任务性并有无线上网功能、多媒体功能，以及基于操作系统且携带方便的设备，如智能手机、平板电脑、笔记本电脑等。

12.6.1　原理及方案

随着室内定位技术的不断发展，当今的室内无线定位系统主要有红外、超声波、RFID、蓝牙、WiFi 等短距离无线技术。其中蓝牙和 WiFi 网络的无线定位技术由于其设备体积小、实现方便、使用广泛且成本低廉，因此颇受人们的青睐。但由于两者的特性不一样，因此适用的场合也不一样，以下就两者在博物馆的应用做一对比和分析。蓝牙技术是通过测量信号强度进行定位的，是一种短距离低功耗的无线传输技术。由于蓝牙技术传输距离短，只能进行"点对点"的传输，传输速度比较慢，且在复杂的空间环境中容易受其他信号的干扰，稳定性较差，因此主要适用于小范围的空间。然而 WiFi 技术是多个终端同时传输的网路模式，即"多对多"的传输，符合了博物馆展示导览服务系统必须是"多对一"信息传输的要求。此外，由于 WiFi 的抗干扰能力强、具有良好的网络稳定性和高速及高质量的数据传输等特性，为博物馆的展示导览服务系统传输大量的信息（包括展品的图片、音频、视频等各种服务信息）提供了可靠的保证。再加之如今 WiFi 技术已是所有智能移动平台的标配，利用广泛普遍的 WiFi 系统来做定位是一项低成本且容易实现的技术。因此，WiFi 室内定位技术较为适宜用做博物馆的导览导航工具。

WiFi 室内定位系统主要包括无线接入点（无线 AP）、定位分析软件（定制）、Web 服务器、定位服务器、数据库服务器（SQLServer）。无线 AP 只做简单的信号采集工作，定位计算则由定位服务器来完成。基于负载均衡考虑，将响应位置请求的 Web 服务器和运行定位计算的定位服务器尽可能地独立分开。客户端即移动设备（如笔记本、智能手机等）主要用于采集周边 AP 的无线信号强度，并向定位服务器提交信号特征，定位分析软件将接收到的计算数据源——无线信号强度，与原先场地测试时电子地图与位置信息建立的映射关系进行定位计算，从而获得移动终端的位置估计，如图 12-5 所示。

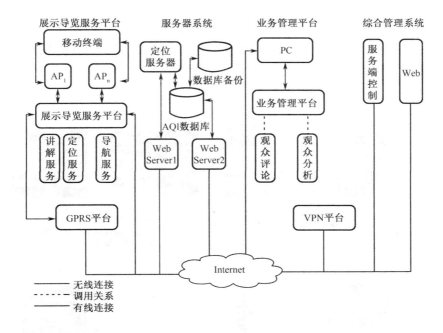

图 12-5　WiFi 展示导览服务系统架构图

12.6.2　应用实践实例

众所周知，博物馆的基本功能是对文物的宣传、教育和研究。如何运用先进的 WiFi 室内定位技术并结合智能移动终端，成为实现博物馆基本功能的辅助工具，为观众和专家学者提供更多的、一流的服务，为博物馆的管理工作带来便捷是值得我们博物馆人深思的问题。图 12-6 所示为导览服务示意图。

目前大多数博物馆只针对团体观众进行讲解——一般指 20 人以上的团队，由于讲解员配备人数有限，不能——满足参观团队讲解的需求，个别观众就更不可能了。另外，在参观高峰时期，由于人多拥挤或有的观众希望能在自己感兴趣的展品前多驻足观看一段时间，结果很容易与团队走散，找不到自己的队伍，造成混乱的局面，影响了整个参观环境，即使观众紧随讲解员其后，也会因受到周边讲解的互相干扰等因素，以致观众听不清楚讲解词，逐渐失去了继续参观的兴趣。通过 WiFi 室内定位技术，我们就可以在参观游览方面进行改善，充分利用观众普遍使用的智能手机或 IPAD 作为移动终端，将展品信息及整个展馆的参观线路全部加载到观众的手机上，个别观众可自行安排参观行程。在参观过程中，该系统会自动将观众周边的展品信息显示在手机屏幕上，参观者可通过文字、语音及 360 度全方位的视频信息对展品进行了解，如图 12-7 所示。该系统最大的亮点是能为观众提供多语种的选择，满足了针对不同观众运用不同语种讲解及文字说明的需求。有了该系统观众可以拿着智能移动终端在展区内自由行走，由自己掌控参观节奏，无须紧随讲解员，使参观学习变得轻松自由。图 12-7 为 APP 显示的藏品信息。

图 12-6　展示导览服务的整个流程示意图

图 12-7　显示周边的藏品信息

另外，该系统还提供了与观众互动平台，观众可以对任意展品进行评论或为馆方提出宝贵意见，如图 12-8 所示。

图 12-8　与观众的互动界面

12.6.3　应用效果与前景

在参展前，可以帮助观众事先了解参观内容。我们知道参观博物馆是需要预先做一些必要的知识准备的，然而大多数观众在来馆参观之前事先都没有准备，尤其是个别观众和外省市的观众等，来馆之后也不知道要看些什么，哪些东西是自己感兴趣的或特别想要现场看个究竟的，一时也说不上来，显得很迷茫。大多数观众对博物馆展品的历史背景了解甚少，到了现场就会失去方向，特别是参观一些展馆较多、展厅面积较大的博物馆，观众更不知从何处开始参观，也不知道场馆提供有哪些服务项目，有了该系统观众就可以轻而易举地获得这些信息。观众在来馆参观之前，可预先从虚拟博物馆获悉博物馆的展览情况，并从多方面获得展品的历史背景知识，然后根据自己的兴趣爱好合理安排参观的路线及重点观看的展品，为现场参观学习打好前战，提高了参观质量，使自己大有收获。

其次，增进博物馆和观众间的互动，使博物馆充分了解观众喜好和兴趣。系统使用前，博物馆的业务人员与观众的互动机会很少，对观众想要了解什么、想看什么、观众对展陈的评价是什么等信息掌握的不多，观众意见没有参与进来，大部分业务信息都是靠自己主动获取或凭借个别观众提供，如在举办某个陈列展览过程中，展品的选择完全凭筹办方的主观意识布置，大部分观众意见几乎没有机会参与，宣传效果并不理想。现在通过该平台，我们能够了解到大部分观众的真实喜好和兴趣点，使我们在举办展览时真正做到贴近广大群众，多举办些有可延续性的展览，满足广大群众的需要。另外，该互动平台还建立了研究人员与观众的沟通桥梁，观众为我们提供了积极的、有创造性的评论和意见，甚至还提供了非常有价值的研究线索，这不仅开拓了学术研究思路，让观众也能参与其中，增加了馆外研究人员，扩大了研究队伍，促进了业务发展。同时，我们还从互动平台中获得了大量的文物征集信息，丰富了博物馆的藏品。

第三，希望可以帮助屏蔽不良留言，给予观众正确的参观导向。以往，当整个参观结束后，环视展厅观众总能在出口附近发现配有纸笔的留言处，那就是传统的观众留言方式。观众的留言将直接影响到博物馆的宣传教育的效果，因此其内容不容轻视。观众可在留言本上随意进行留言或评论，很难杜绝不良留言事件的发生。如果遇上不良留言并不能及时处理，就会影响到后面观众的留言，影响面会逐渐扩大，就可能产生不良的社会影响，与博物馆的宣传教育目的相背离。有了该系统的观众留言功能——电子留言，就可实现对观众的留言进行相互屏蔽的功能，管理员通过后台管理能及时屏蔽这些不良留言，做到了与博物馆宣传教育目标相一致，为观众起到了正确的导向作用。

除了以上几个方面的应用效果尤为显著外，还有一些在公众服务方面的应用效果也不可小觑，如馆内有哪些重要活动、新的展览或紧急事件的通知等都可以通过该系统的互动平台及时发送到观众的智能终端屏幕上，使观众能及时获悉博物馆的安排，如馆内临时有重要贵宾接待等，可通过该系统将此信息发送到观众手机上希望观众能积极配合工作人员；如有遇到危急情况，系统还可自动告知参观者，并显示展馆内多个紧急逃生通道的路线图，方便疏散人群，降低危险系数；在参观者需要帮助时，也可使用紧急通信功能，直接和相关部门取得联系。该系统还提供了馆舍周边的一系列的服务信息，如周边地图信息、公交、酒店、景点、洗手间等，为观众的继续游览提供了方便。

12.6.4　结论

室内定位技术在博物馆展示导览服务领域的应用，观众可以自行掌控参观节奏，弥补了博物馆传统人工讲解方式存在的不足，解决了博物馆在长期存有藏品的保护与展示之间的矛盾，同时还带动了博物馆的其他业务的信息化管理，提高了工作效率，为博物馆的规范化、标准化、数字化管理发挥了积极作用。室内定位技术在博物馆的展示导览及公众服务方面的应用必将成为该领域的主要发展趋势之一。

参考文献

[1] 余丹，廖凯宁. GPS 全球定位系统的改进与发展[M]. 全球定位系统，2006.01.

[2] 秦士琨，刘辉，高寒弢，刘元梓. GLONASS 现代化进程及其带来的机遇和挑战[M]. 全球定位系统，2010.05.

[3] 杨琰. 北斗卫星导航系统与 GPS 全球定位系统简要对比分析[M]. 无线互联科技，2013.04.

[4] 徐翠平，陆静. 伽利略卫星导航系统简介[M]. 航天标准化，2009.9.

[5] 张炎华，王立端，战兴群，翟传润. 惯性导航技术的新进展及发展趋势[M]. 中国造船，2008.10.

[6] 宋成弊，许才军，刘经南，蔡宏翔. 青藏高原块体相对运动模型的 GPS 方法确定与分析. 武汉测绘科技大学学报，1998.

[7] 陈俊勇. 中国地质运动观测网络简介[J]. 测绘通报，1997.

[8] 黄立人. GPS 观测结果变形分析的参考框架及其合理性[J]. 测绘学报，2001.

[9] 李征航，徐德宝，董艳英，刘彩璋. 空间大地测量理论基础[M]. 武汉：武汉测绘科技大学出版社，1998.

[10] 徐菊生，赖锡安，张国安，王庆廷. 空间大地测量测定板块运动的新进展及其与地质学成果的比较[J]. 地壳形变与地展，2001.

[11] 游新兆，王琪，乔学军，等. 中国大陆地壳运动 GPS 观测网[J]. 地壳形变与地震，1998.

[12] 李延兴. 首都圈地壳形变 GPS 监测网[J]. 地壳形变与地震，1996.

[13] 项鑫，刘红旗，李军杰. 全球卫星导航系统的发展现状[J]. 科技信息，2009.

[14] 卓宁. GPS 定位中的误差分析与改正[J]. 航宇计测技术，2008(06).

[15] 王晓华，郭敏. GPS 卫星定位误差分析[J]. 全球定位系统，2005(01).

[16] 张勤，李家权. GPS 测量原理及应用[M]. 科技出版社，2007.

[17] 刘基余，李征航，王跃虎，桑吉章．全球定位系统原理及其应用[M]．测绘出版社，1993．

[18] 徐绍铨，张华海，杨志强，王泽民．GPS 测量原理及应用[M]．武汉：武汉大学出版社，2003．

[19] 胡友健，罗昀，曾云．全球定位系统（GPS）原理与应用[M]．北京：中国地质大学出版社，2003．

[20] 周忠谟等．GPS 卫拱测量原理与应用[J]．北京：测绘出版社，1997．

[21] 刘经南、陈俊勇等．广域差分 GPS 原理和方法[J]．北京：测绘出版社，1999．

[22] 程新文等．测量与工程测量[M]．北京：中国地质大学出版社，2000．

[23] 陈俊勇，胡建国．建立中国差分 GPS 实时定位系统的思考[J]．测绘工程，1998．

[24] 刘基余，李征航，王跃虎，桑吉章．全球定位系统原理及其应用[J]．测绘出版社，1993．

[25] 王晓华，郭敏．GPS 卫星定位误差分析[J]．全球定位系统，2005．

[26] 谢世杰，韩明锋．论电离层对 GPS 定位的影响[J]．测绘工程，2000．

[27] 常庆生，唐四元，常青．GPS 测量的误差及精度控制[J]．测绘通报，2000．

[28] 余学祥，徐绍铨．GPS 变形监测信息的单历元解算方法研究[J]．测绘学报，2002．

[29] Chen YQ，Ding X L，Huang D F，et al.A multi-antenna GPS system for local area deformation monitoring Earth，Planets and Space，2000．

[30] Leik A. GPS Satellite Surveying. 3rd ed. New York: John Wily & Sons，1999．

[31] D Feng B，Herman M，Exner W，etc. Preliminary Results from the GPS/MET Atmospheric Remote Sensing Experiment. GPS Trends in Precise Terrestrial, Airborne and Spaceborne Applications, 1995．

[32] Xiong Y L，Huang D F. GPS phase measure cycle-slip detecting and GPS base-line resolution based on wavelet transformation. Survey Review，2003，37(289)．

[33] 郑冲．双星/道路组合定位技术及基于双星定位系统的快速定向技术研究[D]，国防科学技术大学研究生院，2005．

[34] 彭丛林．北斗导航系统定位算法仿真研究[D]．西南交通大学，2011．

[35] 林雪原. 双星定位系统的综合误差分析与仿真[J]. 武汉大学学报, 2009(09).

[36] 张勤, 李家权. GPS 测量原理及应用[M]. 北京: 科学出版社, 2005.

[37] 张辉, 焦诚, 白龙. 北斗卫星导航系统建设和应用现状[J]. 电子技术与软件工程, 2015.

[38] 柴霖, 杨德, 梁宏, 袁建平. 双星定位系统增强方案分析[J]. 宇航学报, 2006.

[39] 王玮, 刘宗玉, 谢荣荣. 伪卫星增强的北斗双星定位系统及其算法的研究[J]. 中国空间科学技术, 2005.

[40] 马立新, 陈永兵. 罗兰. C 和北斗组合导航系统定位精度研究[J]. 海洋测绘, 2009.

[41] 潘晓刚, 赵德勇, 周海银. 基于分布式伪卫星的双星定位系统定位方法研究[J].中国空间科学技术, 2006.

[42] 杨元喜. 北斗卫星导航系统的进展、贡献与挑战[J]. 测绘学报, 2010, 39 (1):1-6.

[43] 杨元喜, 李金龙, 徐君毅, 等. 中国北斗卫星系统对全球 YNT 用户的贡献[J]. 科学通报, 2011, 56(21):1734-1740.

[44] 袁家军. 航天工程精细化质量管理[J]. 中国工程科学, 2011, 13 (8):36-42.

[45] 中国卫星导航系统管理办公室.北斗卫星导航系统公开服务性能规范((1.0 版), 2013 (12).

[46] 杨元喜, 李金龙, 王爱兵, 等. 北斗区域卫星导航系统基本导航定位性能初步评估[J]. 中国科学: 地球科学, 2014, 44: 72-81.

[47] 林雪原, 孟祥伟, 何友. 双星定位/SINS 组合系统的滤波方法及一致性研究[J]. 武汉大学学报信息科学版, 2005, 31(4): 301-303.

[48] 林雪原, 何友. 双星定位/SINS 组合导航系统中双定位的故障检测研究 I JI. 测绘学报, 2006, 35(4): 332-336.

[49] 罗建军, 袁建平. 卫星导航系统的发展及其军事应用[J]. 全球定位系统, 2001(01).

[50] 顾斌, 董杰, 董妍, 李菲菲. GPS 在海洋测绘中的应用[J]. 科技风, 2010(03).

[51] 李志伟, 王峰. GPS 及其在军事上的应用[J]. 计算机应用研究, 1995(01).

[52] 史其信. GPS 技术在智能交通系统中的应用[J]. 中国安防产品信息, 2004(03).

[53] 徐瑞斌, 刘世立. 浅谈 GPS 在城市智能交通网络中的应用[J]. 机电产品开发

与创新，2008(05).

[54] 徐绍铨. GPS 测量原理及应用[M]. 北京：科学出版社，2011.

[55] 杨光，何秀凤，华锡生，等. GPS 一机多天线在小浪底大坝变形监测中的应用[J]. 水电自动化与大坝监测，2003.

[56] 黄声亭，尹辉，蒋征. 变形监测数据处理[M]. 武汉：武汉大学出版社，2003.

[57] Fliegel H.F. and Gallini T.E. (1992). Global Positioning System Radiation Force Model for GeodeticApplications. Journal of Geophysical Research, vo1.97, NO. B 1:559-568.

[58] OMA. Locat ion in teroperab ility forum [EB /OL] . http: / /www. location forum. org /.

[59] OMA. WAP forum [EB /OL] . http: / /www. w ap forum. org /.

[60] OMA. Locat ion work ing group [EB /OL] . h ttp: / /www. openm ob ilea-llian ce. org / tech /wg_comm ittees / loc. h tm .l.

[61] OGC. M ak ing locat ion count[EB /OL] . http: / /www. open ls. org /.

[62] [EB /OL] . h ttp: / /www. m agicservicesforum. org/.

[63] H P. C omp any in form at ion [EB /OL] . h ttp: / /www. hp. com /hp in fo.

[64] [EB /OL] . h ttp: / /www. phonesaw a. co. k r/.

[65] 袁正午. 蜂窝通信系统移动终端射线跟踪定位理论与方法研究[D]. 中南大学，2003.

[66] 孙巍，王行刚. 移动定位技术综述[J] . 电子技术应用，2003, 29(6): 6- 9.

[67] SEEBER G. Rea-l t im e satellite position ing on the cent im eter level inth e 21 th century u sing perm anen t reference stat ion s[C] / /Proc of the13 th In t□ l Techn ica lM eeting. Salt Lake C ity: [s. n.], 2000: 529-546.

[68] GUAN H u -i p ing. Princip le of GPS□ relat ive pos ition ing and DGPS[J] . Journal o f Lanzhou Ra iwl ay University, 2003, 22(6) : 59-64.

[69] COHEN A. RF fingerprin ting p inpoin ts locat ion [EB /OL] . (2004-11) . http: / /www. netw orkworld. com /new s / tech /2004 /101104-techupdate. h tm .l.

[70] CHON H D. U sing RF ID for accurate position ing[C] / /Proc of In ternational Symposium on GNSS /GPS. 2004: 6- 8.

[71] FRENZEL L E. Low-pow erW -iF ib reakthrough offers act iveRFID andlocat ion services [EB /OL] . [2006- 03]. http: / /www. elecdesign.com /A rt icles /Art icleID /12208 /12208. htm .l.

[72] CARRASCO L. The convergence of W -iF i and RFID [EB /OL].(2005- 09). http: / /www. rf id info. com. cn / report / enreport /200509 /1308. htm .l.

[73] A'M.R. Ward. Sensor-driven Computing[D]. University of Cambridge, 1999.

[74] S.T. Shih，K. Hsieh，and P.Y. Chen. An Improvement Approach of Indoor LocationSensing Using Active RFID[C]. Proceedings of the 1st International Conference onInnovative Computing，Information and Control. Beijing:lEEE，2006:453-457.

[75] Duvallet F，Tews A D. WiFi position estimation in industrial environments usingGaussian processes [C]. Proc of IEEE RSJ，2008:2216-2221.

[76] 万群，郭贤生，陈章鑫. 室内定位理论、方法和应用[M]. 电子工业出版社，2012.

[77] 金广予. 基于 SgBee 网络的室内定位系统的设计及在医院的应用[D]. 上海交通大学，2012.

[78] 张明华. 基于 WLAN 的室内定位技术研究[D]. 上海交通大学，2009.

[79] 宋欣. 多传感融合的室内定位技术研究[D]. 上海交通大学，2013.

[80] 李魏峰. 基于 RFID 的室内定位技术研究[D]. 上海交通大学，2010.

[81] 顾凌华. 适用于大范围定位的双层无线传感网络设计与实现研究[D]. 清华大学，2006.

[82] 郭贤生，万群，杨万麟，雷雪梅. 低复杂度二维相干分布源解耦波达方向估计方法[J]. 中国科学（F 辑：信息科学），2009, 39(8):859-865.

[83] 梁元诚. 基于无线局域网的室内定位技术研究与实现[D]. 电子科技大学，2009.

[84] 郑警，原魁，李园，一种用于移动机器人室内定位与导航的二维码[J]. 高技术通信，2008，18(4):369-374.

[85] 孙卓，陈益强，齐娟，刘军发. 基于迁移学习的自适应室内 WiFi 定位，第 5 届全国普适计算学术会议（PCC2009）论文集[C]，2009:457-462.

[86] 徐劲松，卢晓春，边玉敬. 基于 UWB 的室内定位系统的设计与仿真，2009

全国时间频率学术会议论文集[C]，2009:652-662.

[87]　韩霜，罗海勇，陈颖，丁玉珍. 基于 TDOA 的超声波室内定位系统的设计与实现[J]. 传感技术学报，2010' 23(3):347-353.

[88]　王晖. 基于 RSSI 的无线传感器网络室内定位算法研究与实现[P]. 北京邮电大学，2010.

[89]　王远哲，毛陆虹，刘辉，肖基浩. 基于参考标签的射频识别定位算法研究与应用[J]. 通信学报,2010，31.(2):86-92.

[90]　Junglas I A, Watson R T. Location-based services[J]. Communications of the ACM, 2008,51(3):65-69.

[91]　郎昕培，许可，赵明. 基于无线局域网的位置定位技术研究和发展[J]. 计算机科学,2006,33(6):21-24.

[92]　罗玮. 一种新兴的蓝牙技术——超低功耗蓝牙技术[J].现代电信科技，2010 (010): 31-34.

[93]　Gomez C, Oiler J, Paradells J. Overview and evaluation of bluetooth low energy: Anemerging low-power wireless technology[J]. Sensors, 2012, 12(9): 11734-11753.

[94]　罗军舟，吴文甲，杨明. 移动互联网：终端，网络与服务[J]. 计算机学报，2011,34(11):2029-2051.

[95]　张浩，赵千川. 蓝牙手机室内定位系统[J]. 计算机应用，2011，31(11): 3152-3156.

[96]　周傲英，杨彬，金澈清等. 基于位置的服务：架构与进展[J]. 计算机学报，2011,34(7):1155-1171.

[97]　Kaemarungsi K, Krishnamurthy P. Analysis of WLAN's received signal strength indication for indoor location fingerprinting[J], Pervasive and mobile computing, 2012, 8(2): 292-316.

[98]　　Youssef M, Agrawala A. The Horus WLAN location determination system[C]//Proceedings of the 3rd international conference on Mobile systems, applications, and services. ACM, 2005: 205-218.

[99]　Want R, Hopper A, Falcao V' et al. The active badge location system [J]. ACM Transactions on Information Systems (TOIS), 1992, 10(1): 91-102.

[100] Bahl P, Padmanabhan VN. RADAR: An in-building RF-based user location and trackingsystem[C]//INFOCOM 2000. Nineteenth Annual Joint Conference of the IEEE Computer and Communications Societies. Proceedings. IEEE. Ieee, 2000, 2: 775-784.

[101] Ward A, Jones A, Hopper A. A new location technique for the active office[J]. Personal Communications, IEEE, 1997，4(5): 42-47.

[102] LangV L V, Gu Z G C. Multi-Space Projection Algorithm for WLAN-based LocationService[J].

[103] RoosT, Myllymaki P, Tirri H. A statistical modeling approach to location estimation[J]. Mobile Computing, IEEE Transactions on, 2002, 1(1): 59-69.

[104] LiuH, Darabi H，Banerjee P, et al. Survey of wireless indoor positioning techniques and systems[J]. Systems, Man, and Cybernetics, Part C: Applications and Reviews, IEEETransactions on, 2007, 37(6): 1067-1080.

[105] Yang Q, Chen Y, Yin J, et al. LEAPS: A location estimation and action prediction system in awireless LAN environment[M]//Network and Parallel Computing. Springer Berlin Heidelberg,2004:584-591.

[106] Raper.J, Gartner G，Karimi H, et al. A critical evaluation of location based services and theirpotential [J]. Journal of Location Based Services, 2007，1(1): 5-45.

[107] 吴朝福，胡占义. PNP 问题的线性求解算法.软件学报.2003,1 4 (3)：682-688.

[108] M.A.Fischler,R.C.Bolles.Random Sample Consensus:A Paradigm for Model Fitting with Applications to Image Analysis and Automated Cartography.Communications of the ACM.1981,24(6):381-395.

[109] R.Horaud,B.Conio,O.Leboullcux,B.Lacolle.An Analytic Solution for The Perspective 4-point Problem.Computer Vision Graphics and image processing.1989,47(1):33-44.

[110] Dhome,M.Richetic,J.T.Lapreste,G.Rives.Determination of The Attitude of 3-D Objects from A Single Perspective View.IEEE Transations on Pattern Analysis and Machine Intelligence.1989,11(12):1266-1278.

[111] Chen, H.H., "Pose determination from line-to-plane correspondences: existence

condition and closed-form solutions," Computer Vision, 1990. Proceedings, Third International Conference on , vol., no., pp.374,378, 4-7 Dec 1990.

[112] D.A.Forsyth,J.L.Munday,A.Zisserman,C.M.Brown.Projective Invariant Representation Using Implicit Algebraic Curves.Image and Vision Compute.1991,9(2):130-136.

[113] S.D.Ma,S.H.Si,Z.Y.Chen.Quadric Curve Based Stereo.Proceedings of IAPR Conference.Hague,The Netherlands,1992.

[114] Safaee-Rad,I.Tchoukanov,K.C.Smith,B.Benhabib.Three-Dimension of Circular Features for Machine Vision.IEEE Transaction on Robotics and Automation. 1992,8:624-640.

[115] Z.Chen,J.B.Huang.A Vision-Based Method for the Circle Pose Determination with A Direct Geometric Interpretation.IEEE Transaction on Robotics and Automation.Dec 1999,15(6):1135-1140.

[116] Liu H, Zhou J. Motion planning for human-robot interaction based on stereo vision and sift[C]//Systems, Man and Cybernetics, 2009. SMC 2009. IEEE International Conference on. IEEE, 2009: 830-834.

[117] Mammeri A, Boukerche A, Zhao M. Keypoint-based binocular distance measurement for pedestrian detection system[C]//Proceedings of the fourth ACM international symposium on Development and analysis of intelligent vehicular networks and applications. ACM, 2014: 9-15.

[118] Petrović E, Leu A, Ristić-Durrant D, et al. Stereo vision-based human tracking for robotic follower[J]. Int J Adv Robotic Sy, 2013, 10(230).

[119] Jia S, Zhao L, Li X, et al. Autonomous robot human detecting and tracking based on stereo vision[C]//Mechatronics and Automation (ICMA), 2011 International Conference on. IEEE, 2011: 640-645.

[120] 项荣, 应义斌, 蒋焕煜, 等. 基于双目立体视觉的番茄定位[J]. 农业工程学报, 2012, 28(5): 161-167.

[121] Li H, Chen Y L, Chang T, et al. Binocular vision positioning for robot grasping[C]//Robotics and Biomimetics (ROBIO), 2011 IEEE International Conference on. IEEE, 2011: 1522-1527.

[122] 汪珍珍, 赵连玉, 刘振忠. 基于 MATLAB 与 OpenCV 相结合的双目立体视觉测距系统[J]. 天津理工大学学报, 2013 (1): 45-48.

[123] Yagi Y, Yachida M. Real-time generation of environmental map and obstacle avoidance using omnidirectional image sensor with conic mirror[C]//Computer Vision and Pattern Recognition, 1991. Proceedings CVPR'91., IEEE Computer Society Conference on. IEEE, 1991: 160-165.

[124] Yamazawa K, Yagi Y, Yachida M. Obstacle detection with omnidirectional image sensor hyperomni vision[C]//Robotics and Automation, 1995. Proceedings., 1995 IEEE International Conference on. IEEE, 1995, 1: 1062-1067.

[125] Harris C, Stephens M. A combined corner and edge detector[C]//Alvey vision conference. 1988, 15: 50.

[126] S. Se, D.G. Lowe, J. Little Vision-based mobile robot localization and mapping using scale-invariant features. In: Proceedings of IEEE International Conference on Robotics and Automation, 2001.

[127] G. Dubbelman, F.C.A. Groen, Bias reduction for stereo based motion estimation with applications to large scale visual odometry. in: Proceedings of the International Conference on Computer Vision and Pattern Recognition (CVPR), Miami, USA, 2009.

[128] A.Cumani,A.Guiducci,Fast stereo-based visual odometry for rover navigation, WSEAS Trans.CircuitsSyst.7(7)(2008)13–17.

[129] Kaemarungsi K, Krishnamurthy R Modeling of indoor positioning systems based on locationfingerpri nting[C]//l NFOCOM 2004. Twenty-third Annual Joint Conference of the IEEEComputer and CommunicstionsScxaeties IEEE, 2004:1012-1022.

[130] LorinczK, V\fe!sh M. Motetrack: A robust, decentralized approach to rf-based locationtracking[M]//Location-and Context-Awarenesa Springer Berlin Heidelberg, 2005: 63-82.

[131] Rizos C, Dempster A Q Li B, etsl. Indoor positioning techniques based on wireless LANJJ].2007.

[132] 张明华, 张申生, 曹健.无线局域网中基于信号强度的室内定位计算机科学, 2007，34(6): 68-71,75.

[133] 董梅, 杨曾, 张健, 等.基于信号强度的无线局域网定位技术计算机应用, 2004,24(12): 49-52.

[134] eN et 碎谷动力.Availableat: http://www.enet.cx)m.cn/article^2009/0812/A2(XH) 812519536.shtml.

[135] 腾讯科技，Aval 由 lest:http://tech.qq.com^20120615/000306.htm.

[136] 石鹏，徐凤燕，王宗欣．基于传播损耗模型的最大似然估计室内定位算法 M.信号处理，2005, 21(5):502-504.

[137] Klepal M, Pesch D. Influence of predicted and measured fingerprint on the accuracy ofRSSI-based indoor location ^stems[C]//Positioning, Navigation and Communication, 2007.WPNC'07.4thV\forkshopon. IEEE, 2007:145-151.

[138] 罗军舟，吴文甲，杨明．移动互联网：终端，网络与服务[J].计算机学报，2011，34(11):2029-2051.

[139] Mu Z, Ying S, Yubin X, et al. WLAN indoor location method based on artificial neuralnetwork[JJ.高技术通信，2010,16(3):227-234.

[140] 万群，郭贤生，陈章鑫．室内定位理论、方法和应用．北京：电子工业出版社，2012,9.

[141] 梁亮，徐玉滨，邓志安，等．用于 WLAN 指纹匹配定位的室内接收信号强度特性研究[J].计算机科学，2009，36(4):3&41.

[142] 黄东军．物联网技术导论[M]．北京：电子工业出版社,2012:148-157.

[143] 梁久祯．无线定位技术[M]．北京：电子工业出版社,2013:22-23;84-86.

[144] 杨恒，等．定位技术[M]．北京：电子工业出版社,2013:134-136.

[145] 万群，等.室内定位理论、方法和应用[M].北京:电子工业出版社,2012:17-18.

[146] 李雪梅．物联网中几种定位技术应用的比较分析[J]．科技创新与生产力,2011(9):88-90.

[147] 刘媛媛，李建宇．定位技术在物联网领域的应用发展分析[J]．信息通信技术,2013(5):41-46.

[148] 街景地图．室内定位技术的前世今生.http://www.city8.com/gudaiditu/980483.html. 2013.

[149] 卢衡惠，刘兴川，张超，林孝康．基于三角形与位置指纹识别算法的 WiFi 定位比较[J].移动通信，2010(10):72-76.

[150] 李宁．Android 开发权威指南（第二版）[M]．北京：人民邮电出版社，2013(9).

[151] 陈强. Android 底层接口与驱动开发技术详解[M]. 北京：中国铁道出版社，2012(8).

[152] Steven John Metsker. Java 设计模式[M]. 北京：人民邮电出版社，2007(3).

[153] 郭宏志. Android 应用开发详解[M]. 北京：电子工业出版社，2011(12).

[154] 赵为民. Ubuntu11.0 下搭建 Web 服务器[EB/OL].http://server.zol.com.cn/283/2831800.html. 2012.

[155] 余丹，廖凯宁. GPS 全球定位系统的改进与发展[M]. 全球定位系统，2006年1月.

[156] 秦士琨，刘辉，高寒羧，刘元梓. GLONASS 现代化进程及其带来的机遇和挑战[M].全球定位系统，2010年5月.

[157] 杨琰. 北斗卫星导航系统与 GPS 全球定位系统简要对比分析[M]. 无线互联科技，2013年4月.

[158] 徐翠平，陆静. 伽利略卫星导航系统简介[M].航天标准化，2009年9月.

[159] 张炎华，王立端，战兴群，翟传润. 惯性导航技术的新进展及发展趋势[M]，中国造船，2008年10月.

[160] 郑枫. 北斗公众卫星导航系统民用化研究[J]. 中国智能交通，2009（1）：86-87.

[161] 李俊峰. "北斗"卫星导航定位系统与全球定位系统之比较分析[J]. 北京测绘，2007（1）：51-53.

[162] 葛榜军. 北斗卫星定位系统运营企业状况分析[J]. 卫星应用，2010（2）：24-30.

[163] 高靖. 关于北斗_ＧＰＳ 组合导航定位系统的设计与研究[J]. 硅谷，2010（9）：47-48.

[164] 王青、吴一红. 北斗系统在基于位置服务中的应用. 卫星与网络，2010年04期.

[165] 杜飞. 卫星导航定位系统在智能交通系统中的应用研究. 华东公路，第二期，2007年4月20日.

[166] 北斗卫星导航系统发展报告（1.0 版）. 中国卫星导航系统管理办公室，2011年12月17日.

[167] 刘向阳. 我国卫星导航产业发展综述. 中国公共安全(综合版)，2008(07).

[168] 李猛，李颖. 论我国卫星导航的应用现状与发展. 科技传播，2011(01).

[169] 徐师友. 北斗语音通信设计与实现 U.全球定位系统. 2011(04).

[170] 吴雨航, 吴才聪, 陈秀万. 介绍几种室内定位技术[N]. 中国测绘报. 2008-01-29. 第 3 版.

[171] 雷地球, 罗海勇, 刘晓明. 一种基于 WiFi 的室内定位系统设计与实现[C]. 第六届和谐人机环境联合学术会议（HHME2010）.

反侵权盗版声明

　　电子工业出版社依法对本作品享有专有出版权。任何未经权利人书面许可，复制、销售或通过信息网络传播本作品的行为；歪曲、篡改、剽窃本作品的行为，均违反《中华人民共和国著作权法》，其行为人应承担相应的民事责任和行政责任，构成犯罪的，将被依法追究刑事责任。

　　为了维护市场秩序，保护权利人的合法权益，我社将依法查处和打击侵权盗版的单位和个人。欢迎社会各界人士积极举报侵权盗版行为，本社将奖励举报有功人员，并保证举报人的信息不被泄露。

举报电话：（010）88254396；（010）88258888

传　　真：（010）88254397

E-mail：　　dbqq@phei.com.cn

通信地址：北京市万寿路 173 信箱

　　　　　电子工业出版社总编办公室

邮　　编：100036